陕西省教育厅高校哲学社会科学重点研究基地项目
"周秦伦理文化融入大学生思想政治教育机制研究"（16JZ008）研究成果

周秦伦理文化融入
大学生思想政治教育研究

刘 刚 著

中国社会科学出版社

图书在版编目（CIP）数据

周秦伦理文化融入大学生思想政治教育研究/刘刚著 . —北京：中国社会科学出版社，2017.5
ISBN 978 - 7 - 5203 - 0340 - 8

Ⅰ.①周…　Ⅱ.①刘…　Ⅲ.①伦理学—研究—中国—先秦时代 ②大学生—思想政治教育—研究—中国　Ⅳ.①B82 - 092②G641

中国版本图书馆 CIP 数据核字（2017）第 098911 号

出 版 人	赵剑英
责任编辑	李庆红
责任校对	季　静
责任印制	王　超

出　　版	中国社会科学出版社
社　　址	北京鼓楼西大街甲 158 号
邮　　编	100720
网　　址	http：//www. csspw. cn
发 行 部	010 - 84083685
门 市 部	010 - 84029450
经　　销	新华书店及其他书店

印　　刷	北京明恒达印务有限公司
装　　订	廊坊市广阳区广增装订厂
版　　次	2017 年 5 月第 1 版
印　　次	2017 年 5 月第 1 次印刷

开　　本	710×1000　1/16
印　　张	13.75
插　　页	2
字　　数	201 千字
定　　价	58.00 元

凡购买中国社会科学出版社图书，如有质量问题请与本社营销中心联系调换
电话：010 - 84083683

目　录

绪　论 ………………………………………………………… 1

第一章　思想政治教育与传统文化概述 ………………… 10

一　思想政治教育概述 …………………………………… 10
（一）思想政治教育概念的沿革 ………………… 10
（二）思想政治教育概念分析 …………………… 15

二　中国传统文化概述 …………………………………… 23
（一）"文化"的概念 ……………………………… 24
（二）中国传统文化的基本内涵 ………………… 29
（三）中国传统文化的特征 ……………………… 30
（四）中国传统文化的精神 ……………………… 34

三　周秦伦理文化概述 …………………………………… 36
（一）"周秦伦理文化"概念的解释 ……………… 36
（二）周秦伦理文化的基本内容和价值取向 ………… 37

第二章　周秦伦理文化中的思想政治教育资源 ………… 44

一　崇德尚仁 ……………………………………………… 44
（一）崇尚道德 …………………………………… 44
（二）居仁由义 …………………………………… 48
（三）追求圣贤人格 ……………………………… 53

二　天人合一 ……………………………………………… 55
（一）道家的"天人合一"观 …………………… 56

（二）儒家的"天人合一"观 …………………… 59

三 贵和持中 …………………………………………… 67
　（一）"和"的思想 …………………………………… 67
　（二）"中"的思想以及"和中"关系 …………… 74

四 以人为本 …………………………………………… 75
　（一）"人文"思想 ………………………………… 75
　（二）"民本"思想 ………………………………… 77

五 大同理想 …………………………………………… 80
　（一）《老子》中的"大同"思想 ……………… 80
　（二）《礼运》中的"大同理想" ……………… 83

六 忠勇报国 …………………………………………… 84
　（一）忠德观念的内涵及演化 …………………… 85
　（二）勇德观念的内涵及演化 …………………… 93

第三章　高校思想政治教育现状及问题探析 …………… 101

一 高校思想政治教育体系现状 ………………………… 101
　（一）高校思想政治教育体系的界定 …………… 101
　（二）高校思想政治教育现状 …………………… 104

二 伦理视域下高校思想政治教育存在的问题 ………… 115
　（一）教育目标 …………………………………… 116
　（二）教育主体 …………………………………… 119
　（三）教育客体 …………………………………… 124
　（四）教育内容 …………………………………… 134
　（五）教育方法 …………………………………… 137
　（六）教育评价 …………………………………… 140
　（七）教育环境 …………………………………… 142

第四章　周秦伦理文化融入思想政治教育的价值意义 …… 149

一 传统文化融入思想政治教育的必要性 …………… 149

（一）思想政治教育自身发展的内在要求 …………… 150

（二）"文化自觉"与"文化自信"的要求 ………… 151

（三）形成和发挥文化软实力的基本保证 ………… 153

（四）探索思想政治教育新路径的必然选择 ……… 154

二　周秦伦理文化融入思想政治教育的可行性 ………… 155

（一）价值观契合 ……………………………………… 156

（二）目标一致 ………………………………………… 156

（三）内容相通 ………………………………………… 158

（四）教育模式互补 …………………………………… 160

三　周秦伦理文化融入思想政治教育的价值 …………… 161

（一）有助于提高思想道德素质和文化素养 ……… 162

（二）有助于增强民族凝聚力和培养爱国主义

精神 …………………………………………… 163

（三）有助于挖掘更加丰富的思想政治教育资源 … 164

（四）有助于拓宽思想政治教育的研究视野 ……… 165

第五章　周秦伦理文化与思想政治教育相融合存在的问题

及原因 …………………………………………………… 167

一　存在问题 ……………………………………………… 167

（一）学术研究层面 …………………………………… 167

（二）教育实践层面 …………………………………… 173

二　原因分析 ……………………………………………… 177

（一）反传统思潮的影响 ……………………………… 177

（二）高等教育发展进程中对传统文化的忽视 …… 181

（三）现行教育体制的影响 …………………………… 182

（四）多元文化的影响 ………………………………… 183

三　典型经验借鉴 ………………………………………… 183

（一）典型经验借鉴研究 ……………………………… 183

（二）主要借鉴经验 …………………………………… 186

第六章 周秦伦理文化与思想政治教育相融合的原则和
        路径 ……………………………………………………… 188
    一 周秦伦理文化融入思想政治教育遵循的原则 ………… 188
        （一）坚持马克思主义的正确指导方向 …………… 188
        （二）坚持批判继承的原则 ………………………… 190
    二 周秦伦理文化融入思想政治教育的实现路径 ………… 192
        （一）将周秦伦理文化纳入思想政治教育范畴 …… 192
        （二）优化思想政治教师队伍 ……………………… 196
        （三）创新思想政治教育方法 ……………………… 199
        （四）构筑"一体化"的教育网络 ………………… 202

结　语 ………………………………………………………………… 210

参考文献 …………………………………………………………… 212

绪　论

　　思想政治教育是中国共产党在长期的革命与社会主义建设实践中逐步理论化和系统化的教育方法和工作模式；是我党的优良传统和政治优势之一，具有鲜明的阶级性和政治性；是宣传和贯彻中国共产党的路线、方针、政策，培养符合我国社会主义建设事业需要的人才的思想保证。同时，作为一种教育实践活动，思想政治教育的教育主体与对象都是人，可以说思想政治教育又是一种"育人"活动，而"育人"活动的开展，又离不开人所处的文化环境，因此，思想政治教育又具有文化性，文化是思想政治教育的重要载体和资源之一。然而长期以来，中国共产党在其思想政治教育活动中，过于偏重政治性而忽视其文化性，进而使其实效性大打折扣，同时也阻碍了思想政治教育的进一步深入发展。因此，思想政治教育要实现其自身的创新发展就必须"提升思想政治教育的实效性，需要我们在纠正以文化性否定或掩盖思想政治教育政治性之偏的同时，也要努力纠正忽视思想政治教育文化性之偏，切实提升思想政治教育的文化品位"。[①]

　　1952 年，思想政治教育专业的前身——政治教育专业，以培养中等学校政治理论课师资为目标，主要在一些师范院校开设。1984年 4 月，我国开始逐步设置非师范的思想政治教育专业，以培养思想政治工作专门人才为目标。1998 年，教育部又把它分为师范类和非师范类，师范类的培养目标是思想政治教育学科教学、科研人

[①]　沈壮海：《关注思想政治教育的文化性》，《思想理论教育》2008 年第 3 期。

才，非师范类则以培养思想政治工作专门人才为目标。随着国家教育体系的完善，2005 年思想政治教育专业被重新划分为马克思主义理论一级学科下的二级学科，因此，它还承担着为马克思主义理论一级学科输送研究生生源的任务。

自 1984 年思想政治教育专业在我国 12 所高校设立至今，经过三十多年的建设和发展，其培养目标分类逐渐多样化，从"专门人才"向"应用型人才"和"复合型人才"发展，从专业政工干部向教师、科研人员以及党政机关企事业单位的宣传组织管理工作者发展，其培养口径不断放宽。思想政治教育专业在专业建设、学科理论研究、人才培养等方面都取得了显著成就，思想政治教育学科也稳固地成为马克思主义理论一级学科之下的一个二级学科。截至 2016 年，全国共有 233 所学校开设思想政治教育本科专业①，硕士点 350 余个，博士点 70 余个。除了原有的思想政治教育学原理、思想政治教育方法论、思想政治教育史、思想政治教育心理和比较思想政治教育等研究方向之外，中国传统文化与思想政治教育这一研究方向也得到了越来越多的高校和专家学者的关注：目前很多高校都专门设有相关研究方向，如福建师范大学设有传统道德文化与现代思想道德发展研究方向，江西师范大学有中华优秀传统文化与青年教育研究方向，北京化工大学设有传统文化与当代思想道德建设的研究方向等；此外，还有不少高校对其展开了更加专业和深入的研究，如海南大学、安徽农业大学和华北电力大学设有中国传统文化与思想政治教育方向的硕士研究生招生点，首都师范大学思想政治教育专业设有中国传统文化与思想政治教育方向的博士点，东南大学思想政治教育专业设有思想政治教育与中国传统文化方向的博

① 其中，丽水学院招生专业目录为教育学类（文科、师范）（含汉语言文学、思想政治教育、人文教育、小学教育、学前教育、英语等专业）；山东师范大学招生专业目录为政治学类 [含政治学与行政学、国际政治、思想政治教育（师范类）]；菏泽学院招生专业目录为历史学类（含历史学、思想政治教育）；济南大学招生专业目录为政治学类 [国际政治、思想政治教育（师范类）、行政管理、政治学与行政学]；兰州大学招生专业目录为政治学类（含国际政治、政治学与行政学、思想政治教育）。

士点等。

　　虽然思想政治教育概念的最终确立是在 20 世纪 80 年代,然而思想政治教育的实践活动却是古已有之。自阶级社会产生以来,思想政治教育就存在于其发展的每一个阶段,尤其在中国古代社会,它更是以文化渗透等方式发挥着重要的影响。中国传统文化则以其博大精深与源远流长,潜移默化地影响着每一位中华儿女的思想观念与行为规范,并内化于其内心深处,成为中华民族存在和发展必不可少的内在动力。易言之,传统文化中蕴含着丰富的思想政治教育资源,它与我国的思想政治教育之间存在不可分割的内在联系,是我国思想政治教育的重要的资源之一。因此,与传统文化的有机融合已成为思想政治教育创新发展和近年来我国思想政治教育学科较为关注的重要方向之一,已有学者在相关方面展开了探索性的研究并取得了一些研究成果。不过由于这一方向的研究综合程度较高,需要研究者在两种甚至多种学科方面有一定的学术功底,还要有进行长时间的多种学科方面的专业能力和综合能力的训练,因此又是一项具有一定时间跨度的工作。随着对中国传统文化与思想政治相结合的教育研究的不断深入,学术界相关方面的专著也在不断问世。近年来,我国大陆学界有关中国传统文化与思想政治教育的整合性研究专著主要有:首都师范大学出版社 1999 年 9 月出版的邓球柏的《中国传统文化与思想政治教育》,人民出版社 2005 年 9 月出版的沈壮海的《思想政治教育的文化视野》,华中师范大学出版社 2006 年 10 月出版的赵康太、李英华主编的《中国传统思想政治教育理论史》,人民出版社 2006 年 12 月出版的万光侠的《思想政治教育的人学基础》,华东师范大学出版社 2007 年 11 月出版的都培炎的《"思接千载"和"与时俱进"——中共对中国传统文化认识的历史考察》,安徽大学出版社 2011 年 9 月出版的顾友仁的《中国传统文化与思想政治教育的创新》等。其中,邓球柏在其《中国传统文化与思想政治教育》一书中认为,思想政治教育的任务就是教导人们如何做人、怎样做事,以培养高素质的杰出人才,而中国传统文化中蕴含着丰富的做人、做事的道理，这是中国传统文化与思想政治教育的共同点、交叉点、结合部，也是研究中国传统文化与思想政治教育的意义所在。笔者结合多年研究传统文化的心得，以及在思想政治教育工作中积累的经验，深入挖掘了《大学》《中庸》《孟子》《老子》《荀子》《韩非子》《周易》《春秋繁露》等书中的思想政治教育理论，并对老子无为救世的思想政治教育理论、孟子以义为核心的思想政治教育理论进行了专题解析，这种将中国传统文化与思想政治教育结合起来进行研究的思路，既是对中国传统文化研究的深入，又是对思想政治教育学科建设的重大创新。沈壮海的《思想政治教育的文化视野》一书以"文化视野"作为思想政治教育研究的切入点，对思想政治教育的基本理论和具体实践作了独具匠心的深层解读，肯定了思想政治教育与文化之间所具有的不可分割的联系，确认了特定文化环境对于思想政治教育的载体和支撑功能及对于推进思想政治教育学科的理论建设、提升其学理化程度都具有极为重要的意义。赵康太、李英华主编的《中国传统思想政治教育理论史》，则以中国哲学史、思想史、伦理史、教育史等众多专门史为背景，根据思想政治教育发展的内在规律和实际将中国传统思想政治教育理论分为起点、定向、中和、内向和转向五个阶段，概括了中国传统思想政治教育理论发展的阶段特征。万光侠在其《思想政治教育的人学基础》一书中认为，思想政治教育的主体和对象都是人，人既是思想政治教育的出发点，也是其最基本的归宿。同时，思想政治教育也是人的生存发展不可或缺的重要方式，是人类道德文化传承与创新的重要途径。因此，思想政治教育和对人性的关注密不可分。在思想政治教育中，只有将人性作为基本前提，充分发挥人的主体性，才能有利于提升人的素质，彰显思想政治教育的人文价值，最终实现人的全面发展；该书对于思想政治教育人性化的强调，无疑使我们感受到了思想政治教育的人文关怀，从而对思想政治教育的发展方向和在新时期的价值定位充满了期待。都培炎的《"思接千载"和"与时俱进"——中共对中国传统文化认识的历史考察》一书则坚持历史与逻辑相统一的研究原则，从"革命与现代化的时代主题""马克思主义中国话的历史主线""中西古今之争的文化焦点"三个视角切入，分1921—1927年、1927—1937年、1937—1949年、1949—1977年、1978—2002年五个阶段对中国共产党认识中国传统文化的历史进程进行了独到的论证和分析。著者认为，在20世纪，中国共产党对中国传统文化的"决裂与超越"—"批评与研究"—"扬弃与发展"—"更新与曲折"—"反思与创新"是当代中国先进文化与中国优秀传统文化的全面整合历程。在新的千年里，对于传统文化，我们只有坚持在批判中分析、在分析中选择、在选择中继承、在继承中创新的原则，才能不断开创有中国特色社会主义文化建设的新境界，最终实现中华民族和中华文化的伟大复兴。顾友仁的《中国传统文化与思想政治教育的创新》一书，认为任何一个国家和民族在其社会历史发展过程中都不能回避或漠视与其生息化育和发展壮大休戚相关的传统文化，同样作为一种伦理型文化的中国传统文化，其本身蕴含着丰富的思想政治资源及其显而易见的文化"化人"之功效，这使中国传统文化成为我国思想政治教育的基本历史前提和重要的文化语境。因此，该书作者将中国传统文化与思想政治教育创新结合起来，在书中深刻反思了现代中国历史上的反传统思潮及其影响，并以新中国成立以来尤其是20世纪80年代末改革开放以来我国思想政治教育事业的发展历程为基本线索，对党和政府以及民间对传统文化的理性认知过程进行了系统的回顾和总结，就中国传统文化对我国思想政治教育发展创新的重要性和必要性做了分析和阐释，论证了将中国优秀传统文化纳入我国思想政治教育体系是我国新时期思想政治教育事业发展创新之所在与必然选择，提出了马克思主义教育与中国传统文化相融通的观点，展望了我国特色思想政治教育文化生态的美好图景。

学术论文层面，在中国知网收录的论文中，从1993年12月至今，篇名中同时包含"传统文化"和"思想政治教育"，即以传统文化与思想政治教育的关系为研究对象的论文有705篇（硕士学位论文37篇），其中发表于2000年以后的论文有696篇，发表于2005年以后的有682篇，发表于2010年以后的为578篇；篇名同时包含"儒家"和"思想政治教育"的论文有180篇；篇名同时包含"孔子"或"《论语》"和"思想政治教育"的论文共107篇（硕士学位论文11篇）；篇名同时包含"周易"或"易经"和"思想政治教育"的论文共6篇（硕士学位论文1篇）；篇名同时包含"孟子"和"思想政治教育"的硕士学位论文15篇（硕士学位论文4篇）；篇名同时包含"荀子"和"思想政治教育"的论文23篇（硕士学位论文4篇）；篇名同时包含"《礼记》"和"思想政治教育"的论文2篇（硕士学位论文1篇）；篇名同时包含"先秦"和"思想政治教育"的论文24篇（硕士学位论文6篇）；篇名同时包含"道家"和"思想政治教育"的论文10篇（硕士学位论文1篇）；篇名同时包含"老子"和"思想政治教育"的论文21篇（硕士学位论文4篇）；篇名同时包含"庄子"和"思想政治教育"的论文4篇（硕士学位论文1篇）；篇名同时包含"董仲舒"或"汉代"和"思想政治教育"的论文3篇；篇名同时包含"唐代"和"思想政治教育"的论文2篇（硕士学位论文1篇）；篇名同时包含"宋代"和"思想政治教育"的论文3篇（硕士学位论文2篇）。内容关系到传统文化与思想政治教育关系的论文则更多，如首都师范大学思想政治教育专业博士论文《荀子的礼法君子思想及其现实启示》《墨子和谐社会思想研究》及硕士学位论文《论韩非"务法不务德"的教化思想》《论庄子的人生观教育思想》等。

从已发表的期刊论文来看，在国内核心期刊上发表的论文有初文杰的《中国传统文化与当代思想政治教育》，曲洪志的《中国传统文化与新时期思想政治教育》，张祥浩、石开斌的《中国传统文化与思想政治教育的创新》，陈继红、王易的《中国传统文化与思想政治研究的论域、问题与趋向》等50篇左右。其中，初文杰在其发表于2003年第7期《理论学习》上的《中国传统文化与当代思想政治教育》一文中，重新审视和肯定了中国传统文化的当代思想政治教育功能，并对当代思想政治教育对中国传统文化的挑战进行了剖析，在此基础上提出了应对时代挑战、发掘中国传统文化的思想政治教育价值的建议和策略。曲洪志发表于 2004 年第 6 期《马克思主义与现实》杂志上的《中国传统文化与新时期思想政治教育》一文则结合马克思主义中国化的历史进程，揭示了中国传统文化对于思想政治教育的现代价值及其局限性，提出了"新形势下的思想政治教育必须植根于民族的土壤，既要在现实的基础上积极探索研究，汲取传统的养分，充分挖掘传统文化的内涵，以切实增强思想政治教育的实效性，又要对影响人们思想建设的落后的传统文化进行严肃认真的清算，批判和改进其中的不良传统，开创新时期思想政治教育的新局面"[1] 的观点。刊登在《东南大学学报》（哲学社会科学版）2008 年第 10 卷第 5 期上的东南大学张祥浩教授等人的《中国传统文化与思想政治教育的创新》一文，明确提出了"中国传统文化是思想政治教育十分重要的内容"的主张。该文认为，基于种种原因，"在很长一个时期内，中国传统文化都被排除在思想政治教育之外。始于 1978 年的改革开放拓展了人们的视野，在经过哲学的反思以后，人们清醒地认识到中国传统文化教育是思想政治教育不可或缺的部分。在全面认识的基础上，加强中国传统文化的教育，是摆在思想政治教育工作者面前的艰巨任务。"[2] 发表于 2013 年第 11 期《思想理论教育导刊》上的陈继红、王易的《中国传统文化与思想政治教育研究的论域、问题与趋向》，综合阐述了目前我国传统文化与思想政治教育研究的三大论域，并分析了研究过程中存在的问题，提出了中国传统文化与思想政治教育研究的发展趋势，为我们今后传统文化与思想政治教育的深入研究提供了

---

[1]　曲洪志：《中国传统文化与新时期思想政治教育》，《马克思主义与现实》2004 年第 6 期。

[2]　张祥浩、石开斌：《中国传统文化与思想政治教育的创新》，《东南大学学报》（哲学社会科学版）2008 年第 10 卷第 5 期。

新的视角，对于推动中国传统文化与思想政治教育研究进一步创新发展也有重要意义。

相对大陆而言，以港台学者和海外华人为主体的海外学者对于中国传统文化与思想教育的大规模研究始于20世纪50年代，其中的新儒学研究更是产生了世界性的影响。但其研究的侧重点是中国传统文化及其教育价值，对于思想政治教育的研究则涉猎不多，在此不再赘述。

从上述思想政治教育学科建设以及中国传统文化与思想政治教育这一研究方向的发展现状可以看出，中国传统文化与思想政治教育已成为一个广受学术界关注的具有重大理论意义和现实意义的新兴的研究方向。不过，检视相关研究成果，我们发现，目前我们在这一方向的研究仍面临和存在诸多问题。近年来，虽然不少高校已经开设了中国传统文化与思想政治教育这一方向的研究与教学工作，相关方向的学术专著不断问世，相关方向的硕士论文与博士论文不断增加，已发表的相关方向的期刊论文数量近年来总体上也呈逐年上升趋势，然而相关专著的总体数量仍然较少，相关论文的总体质量仍然有待提高。中国传统文化与思想政治教育这一研究方向要求研究者在中国传统文化和思想政治教育领域均有一定的学术功底，而目前我国的大部分相关研究者均无法满足这一要求，这也影响了研究成果的数量与质量。检视相关论文，我们发现，论文作者学科背景庞杂，已发表的论文水平参差不齐、观点与内容基本大同小异，更为重要的是，对于这一研究方向的很多研究内容学界还没有明确的共识。以上事实说明目前我国学术界尚缺乏专注于这一研究方向的有影响力的学者，且这一研究方向的研究仍处于探索阶段，这一研究方向仍然有广阔的发展空间。

总而言之，一个民族存在和发展离不开其所处的文化环境，文化是其心灵深处的精神家园。中国传统文化源远流长，博大精深，历经数千年发展绵延不绝，是中华民族旺盛生命力的内在动力。由于某些原因，"我国的思想政治教育在传统文化教育这一层面却出现了断层和缺失，这既是历史的疏失，也是时代的悲哀。因此，在新的时期我们有必要，更有责任把中国优秀传统文化对思想政治教育的价值阐释清楚。"① 就目前我国传统文化与思想政治教育的具体研究现状而言，在传统文化方面的研究应该比较细致，已形成各具特色的学术团队，产生了一批很有影响力的学术成果；而思想政治教育的研究目前还处于学科化向科学化的过渡时期，思想政治教育理念、载体、资源、机制、体系等方面的研究还处于探索阶段，还没有形成一定的系统；对于作为思想政治教育创新发展方向之一的二者相融合的相关研究，则目前更是处于起步探索阶段，所取得的成果也较少。所以，我们试图将中国传统文化乃至中华文明的源头——周秦伦理文化与思想政治教育结合起来，着重对两者相融合的价值意义、存在问题与原因、途径方法以及周秦伦理文化中重要的思想政治教育资源进行分析和整理，以期为思想政治教育工作在这一方向更深入的创新发展做一些力所能及的基础性工作。

---

① 顾友仁：《中国传统文化与思想政治教育的创新》，安徽大学出版社 2011 年版，第 18 页。

第一章 思想政治教育与传统文化概述

一 思想政治教育概述

（一）思想政治教育概念的沿革

思想政治教育应该说是古已有之。而思想政治教育这一概念的提出，则有一个历史过程，它的产生和发展经历了一个实践与认识相结合的发展历程，在不同历史时期有不同的提法、不同的解说。探讨思想政治教育概念的由来和发展的历史历程，对于我们明晰思想政治教育的概念，推动思想政治教育学科的纵深发展等具有积极意义。

1. 思想政治教育概念的由来与发展

思想政治教育这一概念的出现与无产阶级政党的活动密切相关。无产阶级自其诞生起就十分重视思想政治工作，马克思主义的创始人虽然没有明确提出思想政治教育的概念和说法，但其在革命实践中，对宣传工作、政治工作及思想政治工作的重视，已经为思想政治教育概念的内涵赋予了应有的意义。思想政治工作更是中国共产党领导广大中国人民群众进行无产阶级革命和建设社会主义国家的重要特色之一。可以说，思想政治教育这一概念正是中国共产党领导下的无产阶级在其进行长期的革命和建设事业中逐渐明晰起来并明确提出的。

早在 1847 年，马克思、恩格斯创立第一个国际性的无产阶级政党——共产党之时，就在他们起草的《共产主义者同盟章程》里明确提出，参加党的每一个成员都要"具有革命毅力并努力进行宣传工作"。① 后来，恩格斯也多次提到"宣传鼓动"这一概念，他说："一个人数众多的新政党几年的工夫就在'人民宪章'的旗帜下形成了，它不遗余力地进行宣传鼓动。"② 这些都表明无产阶级政党在其登上历史舞台之初就十分注重对群众的思想教育工作。在马克思主义的指导下，列宁也十分重视革命工作中的宣传和理论教育，并更加明确地提出政治教育的概念。1902 年，列宁在创办布尔什维克党时，提出了"政治工作"和"政治教育"的概念。在《怎么办？》中，列宁明确要求："社会民主党人不但不能局限于经济斗争，而且不能容许把组织经济方面的揭露当作他们的主要活动。我们应当积极地对工人阶级进行政治教育，发展工人阶级的政治意识。"③ 这表明无产阶级政治教育的主要任务是向群众积极宣传共产主义思想和无产阶级意识。列宁的"政治工作""政治教育"概念的提出，进一步明确了教育的阶级属性和政治性质，也突出了思想政治工作在无产阶级革命斗争中的地位和重要性。1934 年斯大林在联共（布）十七大总结报告中，明确提出"思想工作"和"政治思想工作"这两个概念，提出了政治思想工作的六项基本任务和内容，并将其纳入国家的政治文化生活和学校教育的轨道。④ 至此，思想政治教育不仅成为无产阶级革命的需要，也成为社会主义建设事业的重要组成部分。

中国共产党成立之后，在很长一段时间内就沿用了上述"政治工作""思想政治工作""思想教育""思想政治教育""政治思想教育"等提法，但在不同时期，使用的重点概念有所不同。早在第一次国内革命战争时期，当时任黄埔军校政治部主任的周恩来在给

---

① 《马克思恩格斯全集》第四卷，人民出版社 1958 年版，第 572 页。
② 《马克思恩格斯全集》第一卷，人民出版社 1956 年版，第 560 页。
③ 《列宁选集》第一卷，人民出版社 1995 年版，第 342 页。
④ 《斯大林选集》下卷，人民出版社 1979 年版，第 341—342 页。

学员讲授《论军队政治工作》的理论时，就提出了"政治工作是红军的生命线"的论断，第一次使用"政治工作"这个概念。1940年3月，陈云在延安抗日军政大学第五期学生毕业大会上指出："维护党的统一，不靠刀枪，要靠纪律；同时，加强思想政治工作，端正路线和方针政策。"① 在这里，陈云使用"思想政治工作"一词强调了思想政治教育的目的。1945年4月，毛泽东在《论联合政府》中提出"思想教育"这一概念，明确了思想教育在党的伟大工作中的重要地位。他说："掌握思想教育，是团结全党进行伟大政治斗争的中心环节。如果这个任务不解决，党的一切政治任务是不能完成的。"② 1950年2月，中华全国学生联合会第十四届第二次执行委员会扩大会议通过了《中国学生当前任务的决议》，该《决议》指出，中国学生"必须重视思想政治教育的学习，从而更好地掌握进步的文化科学知识，完成历史所赋予的任务"。③ 该《决议》第一次提出了"思想政治教育"的概念，指出了思想政治教育是和文化科学知识相对应的领域，不过当时这一概念并没有延续使用下去。1951年6月教育部颁发的《关于改定中学政治课名称、教学时数及教材的通知》中就指出："为了有系统地通过各科教学进行爱国主义的政治思想教育，原教学计划所列政治一科名称，应立即取消，并按各节分别增设各科。"④ 1951年，刘少奇在第一次全国宣传工作会议上提出了"思想政治工作"这一概念，他指出："今天，思想政治工作的必要性更加提高了，更加需要加强党的思想领导，因为目前的情况与过去不同了，中国人民的革命胜利了，各种工作更繁杂，实际工作任务更加重了。"1957年，毛泽东在其文章《关于正确处理人民内部矛盾的问题》中，也明确提出"思想政治工作"

---

① 《陈云文选》第1卷，人民出版社1995年版，第196页。
② 《毛泽东选集》第3卷，人民出版社1991年版，第1094页。
③ 冯刚、沈壮海主编：《中华人民共和国学校德育编年史》，中国人民大学出版社2010年版。
④ 同上。

这一概念。他说："思想政治工作，各个部门都要负责任。"① 1959年毛泽东又提出了"政治工作是一切经济工作的生命线"的论断，突出了政治工作的重要地位。由上述可见，自中国共产党成立至20世纪50年代，关于思想政治教育，中国共产党并没有形成统一的概念和提法，而是呈现出"政治工作""思想政治工作""思想教育""思想政治教育""政治思想教育"等概念和提法并存或交替使用的局面。不过，尽管这些概念和提法不一致，但它们都为此后我国思想政治教育概念的提出和明确奠定了基础。

在20世纪60年代之前，不论是马克思主义的创始人对思想政治教育等相关概念的使用，还是中国共产党对思想政治工作不同概念的交叉使用，都没有做严格的学术界定，多是来自实际工作的需要和现实政策的变化，都属于实践探讨的范畴。

2. 思想政治教育概念的确立

1950年2月，中华全国学生联合会第十四届第二次执行委员会扩大会议通过的《中国学生当前任务的决议》，虽然第一次提出了"思想政治教育"的概念，并指出了思想政治教育是和文化科学知识相对应的领域，不过当时这一概念并没有延续使用下去，而是和其他概念交叉并用。而从1960年开始直到党的十一届三中全会以前，在"以阶级斗争为纲"的路线影响下，各行各业强调"政治挂帅"，在思想政治工作领域，"政治思想工作"逐渐取代了其他提法，成为当时思想政治工作领域比较统一的提法。

党的十一届三中全会以后，党和国家的工作重点转移到社会主义现代化建设上来，各项工作都服从和服务于经济建设这个中心，在这种情况下，思想政治工作面临着许多新的问题，迫切需要加强思想政治教育，而在概念使用上也发生了变化。在概念上体现为"政治思想工作"被"思想政治工作"或"思想政治教育"所取代。1980年5月末至6月初，在第一机械工业部和全国机械工会于

---

① 《毛泽东著作选读》下册，人民出版社1986年版，第780页。

北京召开的思想政治工作座谈会上，第一次提出了"思想政治工作应成为一门科学"的重要论断。随后，著名科学家钱学森在其发表的《早日建立马克思主义德育学》一文中又提出："我们要把思想政治工作作为一门科学，科学地做思想政治工作。"① 思想政治工作科学化思路的提出，进一步推动了思想政治教育学科的发展，学术界也随之展开了对思想政治教育概念及思想政治教育学科发展研究的潮流。1983 年 7 月，中共中央在《关于批转〈国营企业职工思想政治工作纲要（试行）〉的通知》中指出："现有的全国综合性大学、文科院校，各部、委、总局所属的大专院校，有条件的都要增设政治工作专业或政治工作干部进修班。"② 为此，教育部专门召开政工专业论证会，最后确定学科全称为"思想政治教育学"，专业名称为"思想政治教育专业"。1984 年，思想政治教育专业开始在全国 12 所高等院校招生，思想政治教育学科随之设立，自此，"思想政治教育"这一概念最终确立，并逐步走上科学化、规范化发展的轨道，思想政治教育的研究者也开始从不同方面对思想政治教育概念做出定义和分析，思想政治教育的概念也日益明晰起来。

从上述我们对"思想政治教育"这一概念的产生和发展过程来看，由于革命战争和社会主义建设初期等历史因素的影响，"思想政治教育的研究范式可称为社会哲学范式"③，思想政治教育概念被赋予强烈的政治性和意识形态的实践色彩，使人们对这一概念的认识在从社会需要上升为理论需要的过程中，在表达和阐释上难免缺乏一定的准确性和学术性。因此，从事相关领域的研究者在前人研究的基础上，还需要继续深入探讨思想政治教育的确切内涵和明晰表达，努力使之由社会需要上升为学理建构。

---

① 荆惠民：《改革开放以来思想政治工作大事记》，中国人民大学出版社 2010 年版，第 17 页。

② 冯刚、沈壮海主编：《中华人民共和国学校德育编年史》，中国人民大学出版社 2010 年版，第 484 页。

③ 张耀灿：《对"思想政治教育原理"的重新审视》，《学校党建与思想教育》2011 年第 28 期。

（二）思想政治教育概念分析

思想政治教育学科建设经过三十多年的建设成果丰硕，成绩斐然。学术界一直对思想政治教育的概念进行深入的探讨研究和分析界定，并对其与相关概念的关系进行深入研究辨析，使思想政治教育概念日趋合理完善。

1. 不同学者对思想政治教育概念的不同界定

自 1984 年思想政治教育专业设立起，诸多学者就开始对思想政治教育的基本概念从不同视角进行了深入的探讨研究和分析界定，并取得一定的进展。

一些学者从思想政治教育的内容层面界定其概念，认为思想政治教育主要包括思想教育、政治教育、道德教育和心理教育等。如陈秉公在其著作《思想政治教育学原理》中是这样定义思想政治教育概念的："一定阶级或政治集团，为了实现其政治目标和任务而进行的，以政治思想教育为核心和重点的思想、道德和心理综合教育实践。"① 又如邱伟光认为："思想政治教育是培养、塑造一定社会新人思想道德素质的教育实践活动，受社会经济政治文化的制约和影响，包括思想教育、政治教育、道德教育。"② 郑永延则从思想政治教育的性质方面对其做出了概括，他认为："我们可以对思想政治教育的性质作如下概括：思想政治教育是一种有目的性、具有超越性的实践活动。这种实践随着社会的发展和人们的主体性的增强，其作用越来越重要。思想政治教育在社会生活中，是一种多属性、多因素的特殊活动。"③ 郑永延这一观点突出了思想政治教育的可变性、多属性、实践性和社会功能的重要性。

还有一些学者从目标和内容相结合的角度对思想政治教育概念进行了阐述。如陆庆壬认为："思想政治教育这一社会实践活动，就是一定阶级或政治集团，为实现一定的政治目标，有目的地对人

---

① 陈秉公：《思想政治教育学原理》，高等教育出版社 2006 年版，第 2 页。
② 邱伟光主编：《思想政治教育学概论》，天津人民出版社 1988 年版。
③ 郑永延：《论思想政治教育的本质及其发展》，《教学与研究》2001 年第 3 期。

们施加意识形态的影响，以期转变人们的思想，进行指导人们行动的社会行为。"① 再如苏振芳认为："思想政治教育可定义为：一定的阶级或政治集团，为实现一定的政治目标，有目的地对人们施加意识形态的影响，以期达到转变人们的思想，指导人们行动的社会行为。"②

如果说上述说法主要突出了思想政治教育的政治性、阶级性和意识形态性，那么仓道来则是特别强调了思想政治教育的政治性、阶级性和意识形态性。首先，他认为思想政治教育不属于人类社会的普遍活动，"因为在原始社会中根本就不存在政治教育，在未来的共产主义社会中也没有现在含义的'政治教育'"③；其次，他认为有些学者用"社会群体"这一词语来表达思想政治教育的主体也是不恰当的，抹杀了思想政治教育的阶级性特征；最后，他认为把思想政治教育的内容限定在"一定的思想观念、政治观点、道德规范"的观点过于狭窄。他认为思想政治教育是一种教育实践活动，要将人们思想行为的变化放在教育的首位，其教育的侧重点就在于引导人们树立正确的政治思想观。因此，他将思想政治教育的概念定义为："思想政治教育是指一定的阶级、政治集团为实现其根本政治目的和经济利益，而对人们进行有意识、有目的、有计划的施加本阶级、本集团思想政治等意识形态方面影响的社会活动。"④

陈万柏、张耀灿等学者则是从思想政治教育的本质、主客体关系、内容、目的和功能等方面的视角来对思想政治教育概念进行了界定。他们认为思想政治教育是一种教育实践活动，"概括地讲，思想政治教育是指社会或社会群体用一定的思维观念、政治观点、道德规范，对其成员施加有目的、有计划、有组织的影响，使他们

---

① 陆庆壬主编：《思想政治教育原理》，高等教育出版社 1991 年版，第 4 页。
② 苏振芳主编：《思想政治教育学》，社会科学文献出版社 2006 年版，第 17 页。
③ 仓道来主编：《思想政治教育学》，北京大学出版社 2004 年版，第 11 页。
④ 同上。

形成符合一定社会要求的思想品德的社会实践活动。"① 他们还进一步指出，"在任何阶级社会，思想政治教育都是一种客观存在。至于这种活动叫什么名称，则因社会制度的不同而各异"②，因此他们认为思想政治教育这种教育实践活动是人类社会的普遍活动。

此外，一些学者认为对思想政治教育概念的界定除了可以从社会现象出发来把握其研究对象和实质外，还可以从分析其语义逻辑和语言构造的角度来把握思想政治教育的概念。倪愫襄在其《思想政治教育概念的逻辑分析》一文中指出，思想政治教育的概念既可以理解为思想和政治教育，这是广义的思想政治教育，在任何阶级社会和国家都存在；也可以理解为思想的政治教育，这是狭义的思想政治教育，仅突出思想政治教育的政治性。不过他认为广义的思想政治教育更有利于拓宽视野，促进学科发展，更有利于促进人的全面发展目标的真正落实。因此，他将广义的思想政治教育概念界定为："从广义上而言，思想政治教育就是教育者依照教育规律对被教育者进行思想教育、政治教育的过程和活动。从思想教育角度而言，不仅是世界观、人生观、价值观的教育，还包括道德观、审美观、健康观的教育，从政治教育的角度而言，不仅是政治观念的教育，还包括政治参与、政治权利、政治理想等的教育。"③

随着思想政治教育学科作为马克思主义理论一级学科下的二级学科的稳定发展，受马克思主义人学思想的指导和影响，近年来关于思想政治教育的概念界定又有了新的思路，如张耀灿在其《对"思想政治教育原理"的重新审视》一文中，提出思想政治教育原理发展要有新的思路，"要开展元理论研究，特别是要自觉推进研

① 陈万柏、张耀灿主编：《思想政治教育学原理》，高等教育出版社 2007 年版，第4页。
② 同上书，第5页。
③ 倪愫襄：《思想政治教育概念的逻辑分析》，《学校党建与思想教育》2013 年第20 期。

究范式的人学转向"①。他认为，按照马克思主义的人学范式，思想政治教育概念应当优化，并将其表述为："思想政治教育是一定的阶级、社会、组织、群众与其成员，通过多种方式开展思想、情感的交流互动，引导其成员吸纳、认同一定社会的思想观念、政治观点、道德规范，促进其成员知、情、意、信、行均衡协调发展和思想品德自主构建的社会实践活动。"② 他认为这样的定义"克服了'单一主体性'的弊端，体现了'交互主体性'的现代理念；体现了'以人为本'的原则，有利于思想政治教育的科学发展；体现了思想政治教育必须遵循人的思想品德形成发展规律，强调教育的引导、促进性质，落脚到受教育自教自律和思想品德的自主构建上去，即'教是为了不教'"。

通过总结不同时期、不同学者对思想政治教育概念的不同界定，我们可知，随着时代的发展，经过三十多年的思想政治教育学科建设，一方面，虽然我们对思想政治教育概念的探讨和研究在不断深入，但对其概念的具体界定仍各有侧重并存在不少分歧。另一方面，虽然这些观点各有侧重并存在分歧，但它们并不是完全矛盾的；并且，不论是何种角度的界定，它们仍有不少相通之处并达成一些基本的共识，如普遍认为思想政治教育是一种指向人的发展的教育实践活动，普遍认同其阶级性和意识形态性等；除此之外我们也可以看到，随着时代的发展和思想政治教育学科建设的不断发展，学界对思想政治教育概念的界定也在不断突破旧的范式，在理论上日趋科学完善，在内容上不断丰富充实，在表述上也更加严谨规范。思想政治教育应以人为本，注重人的全面、均衡、协调发展，注重人的思想道德发展的自觉性与主动性。

2. 思想政治教育及其相关重要概念的辨析

从思想政治教育概念发展演变过程来看，"政治工作""思想工

①　张耀灿：《对"思想政治教育原理"的重新审视》，《学校党建与思想教育》2011年第28期。

②　同上。

作""思想政治工作""政治思想工作"等都可以称之为思想政治教育概念的前身，这些概念与"思想政治教育"虽有不同却又有着千丝万缕的联系。为了规范思想政治教育基本概念的精确使用，促进思想政治教育学科更好地发展，我们必须深入研究这些与思想政治教育概念发展相关的重要概念及其相互关系。

关于政治工作、思想工作这两个概念及其关系，目前学界认识基本一致。关于政治工作，苏振芳将其定义为"一定阶级、政党或社会集团，为实现自己的政治任务，达到一定的政治目的所进行的动员和组织工作的总称"①。此定义对政治工作所涵盖的内容概括较为简单，不够全面。目前学界普遍认为，政治工作是一定的阶级、政党、团体为实现自己的纲领和根本任务而进行的活动，如阶级斗争、政权建设、党的思想和组织建设等。具体地说，像组织工作、干部工作、保卫工作、统战工作、纪检工作等，都属于政治工作的范畴。邱伟光、陈万柏、张耀灿等学者在其相关学术著作中则全部使用这一定义。关于思想工作，苏振芳认为思想工作是"以人为对象，帮助人们解决认识、观念方面的问题，克服错误的思想观念，树立正确思想观念的一种复杂工作"②。目前学界普遍认为，思想工作是一定的阶级或社会群体帮助人们树立与社会发展要求相一致的思想，改变偏离社会发展要求的思想所进行的活动，其目的是使人们的思想更符合客观实际以便更好地改造客观世界。思想工作从总体上可以分为政治性的思想工作和非政治性的思想工作，导致人们出现思想问题的因素，既有政治方面的，也有思想方法、心理、生活习惯以及认识等非政治方面的，因此不是所有的思想工作都是政治工作，解决政治因素导致的思想问题就既属于思想工作又属于政治工作，解决非政治因素导致的思想问题则只属于思想工作而不属于政治工作。同样，并不是所有的政治工作都是思想工作，比如党

① 苏振芳主编：《思想政治教育学》，社会科学文献出版社 2006 年版，第 16 页。
② 同上书，第 15—16 页。

的宣传、教育和思想建设等工作既属于政治工作又属于思想工作，而党的组织、纪检、保卫等工作则属于政治工作而不属于思想工作。总之，思想工作和政治工作既有联系又有区别，不能完全等同。

关于思想政治工作的概念，也有许多学者对其做了大量研究。一些学者认为："思想政治工作就是思想工作和政治工作的总称。"①即思想政治工作包括思想工作的全部内容和政治工作的全部内容。不过学界普遍不认同这种观点，认为其外延太大。此外，还有学者认为"把为政治服务的党的思想教育工作统称为思想政治工作更为合适一些"②，还有学者将思想政治工作或表述为"主要是根据党的政治原则、政治立场、政治方向等，围绕人们在思想意识、思想观念和思想方法等方面存在的或可能存在的问题所开展的群众性思想工作，是一种以疏导为主的辅助性思想工作，就是以党领导的各级各类群众为主，如工会、共青团、妇联等群众组织，开展横向联系，广泛听取群众意见，协助党的各级宣传部门，进行群众性的思想工作，以保证党的路线、方针、政策顺利地贯彻执行"③，或表述为"思想政治工作就是指受政治制约，又为政治服务的思想工作，也即思想性的政治工作和政治性的思想工作的结合"④ 等，上述这些对思想政治工作概念的认识普遍不够全面，表述也不够严谨和准确。目前学界普遍认为，思想政治工作不应该是政治工作的全部内容，而应该是政治工作的一部分，即政治工作中有关意识形态方面的实践工作，也即政治工作中的思想性部分或思想性的政治工作；同样，思想政治工作也不应该是思想工作的全部内容，而应该是思想工作的一部分，即思想工作中的政治性部分或政治性的思想工

---

① 刘绍龙：《关于德育与思想政治教育、思想政治工作的辨析》，《江西师范大学学报》1990 年第 4 期。

② 周永才：《思想政治建设与思想政治工作》，《南京政治学院学报》1999 年第 2 期。

③ 谢祖鹏：《思想调节论》，《江汉大学学报》1995 年第 5 期。

④ 李晓喻：《思想政治工作的含义与原则》，《伊犁论坛》2000 年第 4 期。

作。如陈万柏、张耀灿等将思想政治工作表述为："思想政治工作就是政治工作中的思想性部分和思想工作中的政治性部分的叠加、融合……既不把政治工作中的许多内容如武装、保卫、纪检等工作归入思想政治领域，也不把非政治性思想工作归入思想政治工作领域。"① 他们还强调："在思想领域内，非思想性、非政治性与思想性、政治性的内容往往紧密结合……而且，在现实生活中，还存在难以确定、难以划分的部分，因此，在思想政治工作中，应特别注意对具体情况进行具体分析，从而正确而恰当地规定思想政治工作的领域。"②

那么，思想政治工作和思想政治教育这两个概念的关系又如何呢？必须指出的是，在许多场合，人们把思想政治工作与思想政治教育这两个概念等同起来。从严格意义上讲，这两个概念是有区别的。目前学界普遍认为，思想政治工作与思想政治教育这两个概念都属于社会实践活动，都是一定的阶级或社会群体等为实现其特定的目的所进行的某种社会实践活动，都表现出明显的阶级性和意识形态性等，这是二者的联系；二者的区别在于其范畴和侧重点不同。与思想政治教育相比较而言，思想政治工作的范畴更为宽泛一些，它包含了作为教育实践活动的思想政治教育在内的各种与思想政治相关的社会实践活动，但许多具体工作、活动，不属于思想政治教育；而思想政治教育则更侧重于与思想政治相关的教育实践活动，"是思想政治工作的主要或基本内容，是受政治制约的思想教育，是侧重于思想理论方面的政治教育"③；"是思想政治工作的重要组成部分，是贯穿思想政治工作的灵魂和主线"④。因此，不能把思想政治教育同思想政治工作这两个概念混为一谈。

---

① 陈万柏、张耀灿主编：《思想政治教育学原理》，高等教育出版社 2007 年版，第 4 页。

② 同上。

③ 同上。

④ 仓道来主编：《思想政治教育学》，北京大学出版社 2004 年版，第 11 页。

通过上述对政治工作、思想工作、思想政治工作和思想政治教育等几个概念的分析及其对相互之间关系的辨析比较，我们可知：第一，政治工作的内容既有思想性的，也有非思想性的；思想工作的内容既有政治性的，也有非政治性的。导致人们出现思想问题的因素，既有政治方面的，也有思想方法、心理、生活习惯以及认识等非政治方面的。因此不是所有的思想工作都是政治工作，解决政治因素导致的思想问题就既属于思想工作又属于政治工作，解决非政治因素导致的思想问题则只属于思想工作而不属于政治工作；同样，也不是所有的政治工作都是思想工作，比如党的宣传、教育和思想建设等工作既属于政治工作又属于思想工作，而党的组织、纪检、保卫等工作则只属于政治工作而不属于思想工作。总之，思想工作和政治工作既有联系又有区别，不能完全等同。第二，思想政治工作既不能完全等同于政治工作或思想工作，也不能是思想工作和政治工作的总称，而应该是政治工作中的思想性部分和思想工作中的政治性部分的叠加、融合。第三，同样，作为教育实践活动的思想政治教育，不能和思想政治工作完全等同起来，它是思想政治工作的主要或基本内容，是受政治制约的思想教育，是侧重于思想理论方面的政治教育；它既不是政治工作的全部，也不是思想工作的全部，而应该是两者与教育实践活动相关的部分的叠加、融合，也即思想政治教育应该是政治工作中的思想性的教育实践活动部分和思想工作中的政治性的教育实践活动部分的叠加、融合。

通过上述对思想政治教育及其相关重要概念的简要辨析，我们不难发现，不同术语所表达的范畴与内容都有具体指向；同时，随着社会需要的不断变化以及思想政治教育学科建设的不断发展，相关概念的使用也日趋严谨和精确。这就要求我们在丰富关于思想政治教育概念的内涵时，既要注重思想政治教育概念与其历史演进过程中相关概念之间的联系，同时还要注意克服思想政治教育概念发展史的局限，坚持事实判断与价值判断的统一，坚持社会实践需要与学科理论建设发展需要的结合，坚持教育内容与教育目标的一致，这样才能使思想政治教育的概念更加合理和完善。

二　中国传统文化概述

通过对思想政治教育概念的梳理，我们可知，思想政治教育作为一种教育实践活动，有其阶级性和意识形态性，也就是说思想政治教育最终是为一定的阶级或政治集团服务的，阶级性是其最重要且必要的属性之一。但是思想政治教育要实现其最终目标，仅仅依靠其阶级性这一单一属性是远远不够的，因为"从广义上讲，思想政治教育首先是一种教育活动，是一项'树人'的工程"①。也就是说，思想政治教育的对象是一定的阶级社会中的全体社会成员，这些社会成员都是生活在包括经济环境、政治环境、文化环境以及社会生活环境等在内的一定的环境之中，他们要接受并践行本阶级或本集团的政治思想以及由此衍生出的各种思想、道德、文化等观念，离不开其所生活的环境，尤其是文化环境。"这是因为，从心理学的层面上说，在人的成长过程中，当社会化过程把特定文化内化为人的精神素质时，便赋予主体一定的思想、观念、性格、感情等倾向性。在这种倾向性的作用下，人们会不可避免地带着一定的情感预设从事活动，其自身的文化素质会自觉或不自觉地表现出来，并表现于活动的结果之中，对活动的效能产生影响。思想政治教育的主体和客体都是人，这种属人的性质和其本身所具有的面向时代和社会的开放性决定了其不可能离开整体文化环境的制约来进行封闭的教育。"② 因此我们可以说，文化性也是思想政治教育的重要属性之一；而作为由人类历史积淀下来的文化，正是思想政治教育得以实现其最终目标的丰富养料。本章着重探讨传统文化的源

---

① 顾友仁：《中国传统文化与思想政治教育的创新》，安徽大学出版社 2011 年版，第 1 页。

② 同上。

头——周秦文化与思想政治教育的关系，因此我们应对中国传统文化这一概念做一个简要梳理和阐释。

（一）"文化"的概念

对"文化"一词的定义，往往是"仁者见仁，智者见智"。不同国家、不同时代的专家学者对其有着不同的解释。

1. "文化"含义的汉语古义考证

在中国，"文化"一词，古已有之。但最开始，"文"、"化"二字均为单独使用，并各有其含义。

"文"字本意是指各色交错的纹理。如《说文解字》曰："文，错画也，像交文。"其意思是说，"文"就是交错描画，由几种笔画交错而形成的图像就构成了文。又如《易·系辞》曰："物相杂，故曰文。"意即几种不同的物质交错混杂在一起，就叫作文。再如《礼记·乐记》曰："五色成文而不乱。"意即各种各样的颜色有规律而非杂乱无章地错落交织在一起，就形成了文。在此基础上，文渐渐有了若干引申意义。其一，引申为包括文字在内的各种象征符号，又具体化为文书典籍、文章，礼乐制度等。如《尚书·序》曰："古者伏羲氏之王天下也，始画八卦，造书契，以代结绳之政，由是文籍生焉。"意即古代的伏羲氏之所以能成为治理天下的大王，正始于他画八卦图，制造出文书和契约来代替结绳记事的统治方式，于是，文书典籍就产生了。可见，"文"在这里被引申为文书典籍之意。又如《论语·子罕》曰："文王既没，文不在兹乎？"意即周文王虽然去世了，难道文王时代的礼乐制度就不存在了吗？也就是说，"文"在这里被引申为礼乐制度之意。其二，引申为由伦理之说导出的人为加工、人为修饰及华丽文饰之意等，与"质"、"实"等对称。如《尚书》疏曰："经纬天地曰文。"意即对天地进行改造、治理就叫作文。在这里，"文"即人为加工之意。又如《论语》曰："质胜文则野，文胜质则史，文质彬彬，然后君子。"意即质地胜过文采则显得粗野，文采胜过质地则显得浮夸。文采与质地配合得当，即将外在表现与内在本质配合得恰到好处，这才能够称得上是君子。在这里，"文"则取华丽文饰之意。其三，在前两层意义上，"文"又被引申为美、善、德等义。如《礼记》曰："礼减而进，以进为文。"意即，礼仪形式简化而使礼仪本身更加精进，此精进即为"文"。郑玄注："文尤美也，善也。"意即文就是美，就是善。其四，"文"还被引申为与"武"对应的文治、文事、文职，与"德行"对应的文学艺能等。如《尚书》曰："王来自商，至于丰，乃偃武修文。"意即周王虽然是从好武之商朝而来，然而其到丰地之后，仍然能够做到停止使用武力，修明文治。此外，条理义的"文"又被引申为自然现象的脉络或人伦秩序之意。用以表述自然界之脉络，组成"天文""地文""水文"等词。"天文"，即天道自然规律；"地文"，即地理、地质的发展变化规律；"水文"，即河流、湖泊、江海的发展变化规律。用以表述人伦秩序，则组成"人文"。"人文"，即指人伦社会规律，也即社会生活中人与人之间纵横交织的关系，如君臣、父子、夫妇、兄弟、朋友之间的关系等，他们构成复杂网络，具有纹理之表象。

"化"，古字为"匕"，从二人，二人相倒背之形，一正一反，以示变化。本意为变化、改变、变易、生成、造化。如《说文解字》曰："匕，变也。"《庄子》曰："化而为鸟，其名曰鹏。"意即（巨鲸）变化为一只大鸟，其名字就叫作鲲鹏。在此，"化"即变成、变化之意。《易传》曰："男女构精，万物化生。"意即男女交配，生儿育女，各种雄性与雌性交配，就产生新的万事万物。在此，"化"即产生、生成之意。又如《礼记》曰："可以赞天地之化育。"意即可以帮助天地化生、长育万物。在此，"化"即化生、生成之意。由此可知，"化"本指二物相接，其一方或双方改变形态性质，进而生成一种新的事物。因此，"化"又被引申为教化、教行、迁善、感染、化育等。如《周礼·大宗伯》曰："以礼乐合天地之化。"意即用礼乐来配合天地之道的教化。在此，"化"即教化之意。又如《黄帝内经》曰："化不可待，时不可违。"意即化育繁生不可替代，时令季节不能够违背。在此，"化"即化育之意。

"文"、"化"二字并联使用，则最早见于《周易·资卦·象传》："观乎天文，以察时变；观乎人文，以化成天下。"其意思是说：观察天象的条理，我们就可以考察到时令季节的变化；观察人间条理，就可以据此来教化世人，成就平治天下的大业。而最先将"文"、"化"二字合为一词来使用的则是西汉的刘向，其曰："凡武之兴，为不服也，文化不改，然后加诛。"其意思是说，凭借武力来征服人们，只是让大多数人懂得服从的道理，而对少数通过教化而仍然冥顽不化的人施以重刑，则一定能够取得良好的治理效果。可见，这里的"文化"之意是与武力相对应而言的人文教化之意。如晋代束皙说："文化内辑，武功外悠。"意即对待国内的人民要通过人文教化来团结他们，对待外来侵略者要用武力征服他们。这里，"文化"仍为与"武力"对应的人文教化之意。可见上述两句话中的"文化"一词，均是作为动词来使用的，它是一种与武力征服相对应的社会治理方法和主张，指对人的性情、品德等精神方面的陶冶教化，属于精神范畴领域。它既与武力征服相对立，但又与之相联系，相辅相成，所谓"先礼后兵"，文治武功。此外，还有与宗教神性相对应的意义上使用的"文化"一词，如南齐王融说："设神理以最俗，敷文化以柔远。"其意思是说，设置神坛利用神的道理影响风俗，发展文化以怀柔远方的民族，吸引他们来投靠自己。可见，在中国古代，"文化"一词属精神领域的范畴，它是"文治"与"教化"的合称，其含义为"人文化成""文治教化"等。

2. "文化"含义在中西方的演变发展

世界各地诸多学者在研究过程中因为研究视角、认识方法、语言表达等的不同，对于文化概念的界定也是众说纷纭，莫衷一是。据法国社会心理学家 A. 莫尔统计，到 20 世纪 70 年代，世界文献中的文化定义已达 250 多种，到 20 世纪末期这个数字已上升到 4 位数。因此，对英语"culture"一词的含义进行梳理，有助于我们进一步明确"文化"一词的内涵。

在现代汉语中，"文化"一词直接对译英语"culture"一词，从词源上讲，英语的"culture"一词源于拉丁文的"culture"，其原意包含注意、耕作、培养、景仰、敬神等，可见其初始意义在于人对土地的保护、耕耘以及对自然力或自然神的尊重和崇拜等。可见，在西方"culture"一词，应是一个派生于自然的概念。直到16、17世纪，其含义才逐渐由耕种引申为对树木禾苗的培养，进而被引申为对人类心灵和知识的化育；大约到17世纪以后，其古义才渐渐淡化；而"从18世纪末开始，英语'culture'一词的词义和用法发生了重大的变化"①，其古义消解，进而转化为专指精神方面的含义，即对人的培养、教养或人的修养、修为等。1950年，英国学者雷蒙德·威廉斯在其《文化与社会》一书中认为，在18世纪末至19世纪初，文化一词主要指"培养自然的成长"②。

19世纪下半期以来，文化概念则成为社会学、人类学、文化学等不同人文学科学者所共同关注讨论的热门话题之一。如1871年，英国人类学家爱德华·泰勒在其所著的《原始文化》一书中，对文化的表述为："就其广泛的民族学意义来说，是包括全部的知识、信仰、艺术、道德、法律、习俗以及作为社会成员的人所掌握和接受的任何其他才能和习惯的复合整体。"康德在其《判断力批判》一书中指出："在一个理性生物中，一种对任意选项的目的（因而也就是按照他的自由选定的目的）的有效性的产生，就是文化。"黑格尔则认为："文化是绝对精神对自我外化出的人的教化过程，也即是绝对精神对自我认识的过程。"日本小学馆出版的《万有大百科事典》（1974年版）中对文化的表述为："日语的文化即文明开化。"《法国大百科全书》（1981年版）中对文化的表述为："文化是一个社会群体所特有的文明现象的总和。"

日本是汉字文化圈的成员之一，在古代已接受并广泛使用包括

---

① 黄杨：《"文化"概念的古义及其内隐意向》，《华侨大学学报》（哲学社会科学版）2008年第4期。

② ［英］雷蒙德·威廉斯：《文化与社会》，北京大学出版社1991年版，第18页。

"文化"在内的成批汉字词语，用"文化"一词对译英语的"culture"等就始于日本。19 世纪中后期，日本进行了被称之为"明治维新"的社会变革，在此期间，日本大量翻译介绍西方学术，且多借助汉字词翻译西洋术语，其中，"文化"对译英语词"culture"便是一例。日本吸纳了西方"文化"一词的新义后，在近代中国西学东渐的时期，中国学者便沿用了这一译法，并对其概念进行了多方面的探讨。梁启超认为："文化者，人类心能所开释出来之有价值之共业也。"① 这"共业"即包括众多领域在内，诸如认识的、规范的、艺术的、器用的、社会的领域等。梁漱溟说："文化，就是吾人生活所以靠之一切……文化之本义，应在经济、政治，乃至一切无所不包。"② 可见，"文化"一词在经历了"中—西—日"之间的概念旅行之后，发生了意义上的巨大变化。这样，"文化"一词在汉语古义的基础上，又注入了来自西方的新内涵。即在近代中国，"文化"一词的基本意义已然不仅仅是"人文教化""文治教化"等，而是转化为一切人类文明成果对人的教化与影响。

3. 文化的现代定义

综合"文化"一词的含义在中西方的演变历史以及中西方不同学者对"文化"概念的描述，我国《现代汉语词典》（2012 年第六版）将"文化"一词定义为："人类社会历史发展过程中所创造的物质财富和精神财富的总和，特指精神财富，如文学、艺术、教育、科学等。"

文化有广义和狭义之分。就广义而言，文化是一个非常宽泛的概念，是人类生活的总和。它着眼于人类与动物、人类社会与自然界的本质区别，着眼于人类卓立于自然的独特生存方式。其涵盖面非常广泛，包括认识领域：语言、哲学、科学、教育等；规范领域：道德、法律、信仰等；艺术领域：文学、美术、音乐、戏剧

---

① 梁启超：《什么是文化》，《晨报副刊》1923 年 2 月 18 日版。
② 梁漱溟：《中国文化要义》，《梁漱溟全集》第 3 卷，山东人民出版社 1990 年版，第 9 页。

等；器用领域：生产工具、日用器皿及其制造技术；社会领域：制度、组织、风俗习惯等。正如梁漱溟先生所说，是"人类生活的样法"。它包括精神生活、物质生活和社会生活等极其广泛的方面。而就狭义而言，文化排除了人类社会生活中关于物质创造活动及其结果的部分，专注于精神创造活动及其结果，特指人类的全部精神创造活动，是意识、观念、心态和习俗的总和。一般而言，我们更多的是在狭义文化的意义上使用"文化"这个概念，以把握不同文化形态的特征。本书提到的"文化"概念也是就其狭义而言。

（二）中国传统文化的基本内涵

"传统"由"传"和"统"两个字构成。在汉语中，"传"字本有传承、传递之意，"统"则指事物的连续状态，即一以贯之之意。《现代汉语词典》（2012 年第六版）将"传统"一词解释为："从历史上沿传下来的思想、文化、道德、风尚、艺术、制度以及行为方式等。它通常作为历史文化遗产被继承下来，其中最稳固的因素被固定化，并在社会生活的各个方面表现出来。如民族传统、文化传统、道德传统等。"美国著名社会学家爱德华·希尔斯认为传统最明显、最基本的意义，是指世代相传的东西，即从过去延传至今或相传至今的东西。其决定性的标准是："传统是人类行为、思想和想象的产物，并且被代代相传。"① 当然希尔斯也强调了这种"代代相传"在逻辑上并没有强制性、规范性。也就是说，传统的这种"代代相传"并非由各个历史时代的统治阶级以一套规范性的东西强制其社会成员在思想、观念、行为等方面接受或践行，反而是由各个历史时代的特殊自然地理环境、经济形式、政治结构、意识形态等综合作用而自然形成、积累并流传下来的。因此，我们可以说，传统就是指由各个历史时代的特殊的自然地理环境、经济形式、政治结构、意识形态等综合作用而自然形成、积累并世代相传直至今天的，现在仍时时刻刻对我们的社会和生活方式产生巨大影

① ［美］爱德华·希尔斯：《论传统》，上海人民出版社 2014 年版，第 12 页。

响、起着重要作用并表现于社会生活各个方面的思想文化、制度规范、风俗习惯、宗教艺术乃至思维方式、行为方式等的总和。

由此可见，传统文化就是指在一个民族中绵延流传下来的反映民族特质和风貌的文化，是民族历史上各种思想文化、观念形态的总体表征。它既体现在有形的物质文化中，也体现在无形的精神文化中，如人们的生活方式、风俗习惯、心理特性、审美情趣、价值观念等。任何民族都有自己的传统文化，都是在其历史发展过程中形成和发展并流传下来的。著名学者庞朴先生在其《传统文化与文化传统》一文中指出："传统文化的全称大概是传统的文化（Traditional culture），落脚在文化，对应于当代文化和外来文化而谓。其内容当为历代存在过的种种物质的、制度的和精神的文化实体和文化意识。例如说民族服饰、生活习俗、古典诗文、忠孝观念之类；也就是通常所谓的文化遗产。"他认为传统文化具有时代性和民族性，他说："传统文化产生于过去，带有过去时代的烙印；传统文化创成于本民族祖先，带有自己民族的色彩。文化的时代性和民族性，在传统文化身上表现得最为鲜明。"

因此，就广义而言，中国传统文化就是指中华民族在生息繁衍的漫长历史发展过程中，逐步形成并流传下来的比较稳定的反映中华民族整体特质和整体风貌的文化形态，是影响中华民族发展进程的一切物质和精神成果的总和。就狭义而言，中国传统文化特指在中华民族历史上绵延流传下来的影响整个中华民族发展进程的、具有稳定的共同精神、心理状态、思维方式和价值取向的全部精神成果，也即中华民族传统意识、观念、心态和习俗的总和。本书所言中国传统文化特指后者。

（三）中国传统文化的特征

1. 崇德尚贤的伦理性

在几千年的漫长历史发展过程中，中华传统文化始终以伦理道德作为其价值取向的核心，德育至上是其显著特征之一，这在中国古代的重要典籍中多有记载，尤其体现在儒家经典中。如《尚书·

尧典》曰："克明俊德，以亲九族。"《尚书·召诰》曰："惟不敬厥德，乃早坠厥命。"《尚书·蔡仲之命》曰："皇天无亲，惟德是辅。民心无常，惟惠是怀。"这些都是从社会、家族、个人等方面来说明德的重要功用。先秦儒家学派的诞生则将道德教化思想提升到新的高度。儒家经典《大学》更开篇即点明全书宗旨："大学之道，在明明德，在亲民，在止于至善。"① 意思是说，大学教人的道理，在于使人彰显发扬光明美好的德性，再推己及人，使人人都能去除污染而自新，最终达到并保持完美之善的境界。孔子的《论语》中则不仅有"志于道，据于德，依于仁，游于艺""德之不修，学之不讲，闻义不能徙，不善不能改"等相关言论来论及修德的重要性和必要性，还对修德的具体行为要求，如"弟子入则孝，出则悌，谨而信，泛爱众，而亲仁。行有余力，则以学文。"这"孝"、"悌"、"信"、"仁"等便都是修德的具体要求，从"行有余力，则以学文"可以看出孔子将修德放在首位，而将学习知识、做学问等放在修德之后，这自然也是在强调修德的重要性。孟子则更加发展了孔子的德育思想，他说："人之有道也，饱食暖衣逸居而无教，则近于禽兽。"② 他不仅认为道德是人之所以区别于动物的标志，每个人都应该遵守道德准则来修养德行，还认为道德教育对治理国家有重要意义，整个社会和国家也应该通过道德教育来弘扬德性。儒家另一代表人物荀子则认为后天的道德教化"能化性，能起伪，伪起而生礼义"③，并最终达到"涂之人可以为禹"④ 之目标。可以说这种观点与孟子乃殊途同归。后来各代儒家学者不断发展了这种道德教育思想，更使其逐渐走向理论化、系统化和完善化。

　　中国传统文化对伦理道德的重视不仅体现在中国古代典籍中，

---

　　① 朱熹撰，陈立校点：《四书章句集注》（一），辽宁教育出版社 1998 年版，第 1 页。

　　② 《孟子·滕文公上》。

　　③ 《荀子·性恶》。

　　④ 同上。

更体现在中国古代人们的道德践行中。一方面，在中国古代社会，统治者大都重视以德治作为治理国家和教化民众的工具之一；他们认为只有用道德手段教育、感化并约束人们，才能使之具有道德自觉，心悦诚服地守法遵礼，知耻从善。另一方面，在中国古代社会，不论统治者还是平民百姓，人们也大多以追求理想的圣贤人格为人生目标，他们通过对儒家经典的学习，以仁、义、礼、忠、孝、悌、信等儒家思想的具体内容作为标准来要求自己的日常行为，从而激励自身加强道德修养，完善人格操守，提高人生境界，实现个人价值等。

对于中国传统文化的这种特征，不少近现代学者也有诸多评论。如冯友兰先生说："基督教文化重的是天，讲的是'天学'；佛教讲的大部分是人死后的事，如地狱、轮回等，这是'鬼学'，讲的是鬼；中国的文化讲的是'人学'，注重的是人。"① 梁漱溟先生说："中国人把文化的重点放在人伦关系上，解决人与人之间怎样相处。"② 庞朴先生说："假如希腊人注意人与物的关系，中东地区则注意人与神的关系，而中国人是注意人与人的关系，我们的文化特点是更多地考虑社会问题，非常重视现实的人生。"③ 冯天瑜先生说："如果把西方的文化视为'智性文化'，那么中国文化则可以称为'德性文化'。"④ 可以说，中国传统文化就是这样一种以伦理道德为价值取向核心和人文教化为目的的伦理性文化，它的指向是人及人伦关系，体现出明显的人学伦理色彩。

2. 绵延不绝的强劲生命力

英国历史学家汤因比认为，在近6000年的人类历史上出现过26种文化形态。其中发源较早的文化体系除了古中国文化以外，还

① 《金明馆丛稿二篇·冯友兰中国哲学史下册审查报告》，上海古籍出版社1982年版，第140页。
② 同上书，第137页。
③ 同上书，第140页。
④ 冯天瑜等：《中华文化史》，上海人民出版社1990年版，第232页。

有古印度文化、古埃及文化、古巴比伦文化、古希腊罗马文化等。古中国文化还与古印度文化、古埃及文化、古希腊罗马文化一起并称为"世界四大古老文化"。但在这些文化形态中，只有一种文化体系是长期延续发展而从未中断过的文化，这就是中国传统文化。古埃及文化因为入侵者的不断变化而不断改变着自己的面貌，古印度文化由于遭受雅利安人的侵略而雅利安化，古罗马文化则在日耳曼族的占领后遂告中断并沉睡了上千年，古巴比伦文化则早已毁灭殆尽。与其他古代文化体系因外族入侵所导致的消失或中断或异化有所不同，中国传统文化在东亚大陆上按照自身的逻辑运演化育历经五千余年坎坷跌宕却始终未曾断绝，成为人类历史上唯一长期延续发展而从未中断的文化。这在人类文明史上是独一无二的，展现出它强劲的生命力、巨大的凝聚力以及超常的稳定性。

3. 开放、包容、内化的自我革新性

中国传统文化之所以具有如此顽强的生命力，与其自身所具有的开放精神、包容精神、内化精神等密不可分。

古代中国可以说是一个开放的国度，一是内部各诸侯国之间的合作，二是与其他国家的交流与沟通，这就造就了中国传统文化的开放性和包容性。数千年来，不管在哪个历史时期，中国传统文化都能够及时地汲取时代精神要义，不断地实行自我革新、自我完善，以适应社会发展的需要。

中国传统文化起源于黄河流域，是典型的农耕文化，然而随着北方游牧民族的不断入侵，这种农耕文化也受到游牧文化的不断入侵，只是在两种文化不断碰撞的过程中，中国传统文化总是能吸收异族文化的精髓并将其内化成为自身文化的一部分，即便是在游牧民族占领中原地区成为统治者的时代，中国传统文化的这种特点也未曾消失。

中国传统文化的包容性同样也表现在对外来文化的主动吸收与内化上。如果说对于游牧民族的文化因战争原因而略显被动的话，那么中国传统文化对于来自西方文化的吸收与内化则更显积极主动。以对古印度佛教文化的吸收内化为例，古印度的佛教等其他文化的佛教文化自汉代传入中国后，经过魏晋南北朝时期的主动消化吸收，至唐代已完全中国化，并与儒、道文化一起成为中国传统文化的重要组成部分。可以说，这种包容力与内化力体现了中国传统文化海纳百川的胸怀与气魄，更体现了中国传统文化强烈的自我革新精神。也正因此，中国传统文化才在与外来文化的不断碰撞交融中变得更加强大和成熟起来，形成一种自然而然的凝聚力和超强的文化适应力，进而使其成为人类历史上唯一延续发展并保存下来的文化典范。

（四）中国传统文化的精神

1. 什么是文化精神

精神是指天地万物的精气、活力，事物运动发展的精微的内在动力。文化的基本精神就是所有文化现象中最精微的内在动力和思想基础，是指导和推动民族文化不断前进的基本思想和基本观念。在中国传统文化中，长期受到人们尊崇，成为生活行动最高指导原则的思想观念或固有传统，在历史上起推动社会发展作用，成为历史发展的内在思想源泉，就是中国文化的基本精神。它具有两个特点，一是具有广泛的影响，感染熏陶了大多数人民，为他们所认同所接受，成为他们的基本人生信念和自觉的价值追求；二是具有维系民族生存和发展，促进社会进步的积极作用。中国文化的基本精神，实质上是凝聚于传统文化之中的中华民族的基本精神，是在中国文化中起主导作用、处于核心地位的那些基本思想和观念，是我们大家熟悉的，而不是高深莫测的玄思妙想。中国历史绵延悠长，中国文化丰富多彩，中国的传统文化精神也极其浓厚。

2. 中国传统文化精神之学界观点

关于中国文化的基本精神，学者们众说纷纭。张岱年将中国传统文化的基本精神主要概括为刚健有为、和与中、崇德利用、天人协调四个方面。具体而言，他认为：首先，中国的民族精神基本凝结于《周易大传》的两句名言之中："天行健，君子以自强不息"；

"地势坤，君子以厚德载物。"换言之，"自强不息"、"厚德载物"
是中国传统文化的基本精神。其次，对于"中庸"观念，张岱年认
为虽然"中庸"观念在过去广泛流传，但是实际上并未起到推动中
国文化发展的作用，因此"不能把中庸看作是中国传统文化的基本
精神"。① 最后，中国传统文化的基本精神还表现为"以德育代替宗
教"的优良传统。

张岂之在其《中华人文精神》一书中则认为，中国文化的基本
精神有七点：（一）人文化成——文明之初的创造精神；（二）刚柔
相济——穷本探源的辩证精神；（三）究天人之际——天人关系的
艰苦探索精神；（四）厚德载物——人格养成的道德人文精神；
（五）和而不同——博采众家之长的文化会通精神；（六）经世致
用——以天下为己任的责任精神；（七）生生不息——中华人文精
神在近代的丰富与发展②。

刘纲纪认为，中国的民族精神大体上可以概括为四个相互联系
的方面：（一）理性精神。集中表现为，具有悠久的无神论传统，
充分肯定人与自然的统一和个体与社会的统一，主张个体的感情、
欲望的满足与社会的理性要求相一致。总的来看，否定对超自然的
上帝、救世主的宗教崇拜和彼岸世界的存在，强烈主张人与自然、
个体与社会的和谐统一，反对两者的分裂对抗，这就是中华民族的
理性精神的根本。（二）自由精神。这首先表现为人民反抗剥削阶
级统治的精神。同时，在反对外来民族压迫的斗争中，统治阶级
中，某些阶层、集团和人物，也积极参加这种斗争。说明在中国统治
阶级思想文化传统中，同样有着"酷爱自由"的积极方面。（三）求
实精神。先秦儒家主张"知之为知之，不知为不知"，知人论世，
反对生而知之；法家反对"前识"，注重"参验"，强调实行，推崇
事功；道家主张"知人""自知""析万物之理"。这些都是求实精

---

① 张岱年：《文化传统与民族精神》，《学术月刊》1986 年第 12 期。
② 张岂之：《中华人文精神》，西北大学出版社 1997 年版，第 3 页。

神的表现。（四）应变精神。①

许思园认为，"中国传统文化之根本精神为融和与自由。"②

杨宪邦则认为，以自给自足的自然经济为基础、以家族为本位、以血缘关系为纽带的宗法等级伦理纲常，是贯穿中国古代的社会生产活动和生产力、社会生产关系、社会制度、社会心理和社会意识形态这五个层面的主要线索、本质和核心，这就是中国古代传统文化的基本精神。③

司马云杰则把中国传统文化的基本精神概括为"尊祖宗、重人伦、崇道德、尚礼仪"。④

庞朴认为，中国传统文化的精神是人文主义。这种人文主义表现为：不把人从人际关系中孤立出来，也不把人同自然对立起来；不追求纯自然的知识体系；在价值论上是反功利主义的；致力于做人。中国传统文化的人文精神，给我们民族和国家增添了光辉，也设置了障碍；它向世界传播了智慧之光，也造成了中外沟通的种种隔阂；它是一笔巨大的精神财富，也是一个不小的文化包袱。⑤

三　周秦伦理文化概述

（一）"周秦伦理文化"概念的解释

陕西的宝鸡地区以周秦文化发祥地而著称于世，我们所研究的周秦伦理文化指的就是从西周起，中经春秋战国，直到秦朝灭亡（公元前 1046 年—公元前 206 年）这段历史中产生、存在并对后世

---

① 刘纲纪：《略论中国民族精神》，《武汉大学学报》1985 年第 1 期。

② 许思园：《论中国文化二题》，《中国文化研究集刊》第 1 辑，复旦大学出版社 1984 年版。

③ 杨宪邦：《对中国文化的再评议》，张立文等主编《传统文化与现代文化》，中国人民大学出版社 1987 年版。

④ 司马云杰：《文化社会学》，中国社会科学出版社 2007 年版。

⑤ 庞朴：《中国文化的人文精神》，《光明日报》1986 年 1 月 6 日。

形成长期影响的伦理文化。

文化与伦理文化是整体与部分的关系。"文化"是可大可小、可浅可深的概念。在广义上，文化就是人化，就是人创造的一切物质文化、制度文化、精神文化、行为文化等。文化与文明相联系，但又不能简单等同。因为，文化是个中性词，只用于描述客观事实，不含价值判断的意思。也就是说，人类创造的一切文明成果都可以看成是文化，但可以称为文化的东西，不一定都是文明的东西，那些不符合人类关于文明的价值标准的文化就不能包含在文明概念之中。由此可见，文明概念的外延一定小于文化概念的外延。按照这个理解，"伦理文化"主要属于精神文化的范畴，但也能渗透于制度文化、行为文化、物质文化之中或以它们为载体而存在。不管以怎样的形式存在，伦理文化都是文化整体的一个组成部分，是对观念文化、行为文化、制度文化和器物文化中所蕴含的伦理精神的总称。

周秦伦理文化的精神内涵非常丰富，研究周秦伦理文化，对认识道德价值和树立正确义利观，对认识人性本质和构建和谐社会，对科学地对待传统文化，对丰富现代人精神生活等，都有重要的启示价值。

（二）周秦伦理文化的基本内容和价值取向

1. 周文化的基本内容和价值取向

周人所创造的观念文化、制度文化和器物文化，给后人留下的一个最突出的印象是具有浓厚的伦理道德色彩。当我们从伦理视角解读周文化的深层内蕴时，发现道义价值取向是周文化的精神内核，各种具体的文化形态似乎是表现这一精神内核的外在符号。

周人远祖后稷（弃）的子孙公刘和古公亶父都"积德行义"，并善于从事农业，使"天下得其利，有功"。周文王的父亲季历（又称王季）"笃行仁义"，周文王（姬昌）本人更重视农业；并且"笃仁、敬老、慈少、礼下贤者"，成了世人的道德榜样。侯外庐先生说："有孝有德"是西周的"道德纲领"。又说："为了维护宗法的统治，故道德观念也不能纯粹，而必须与宗教相结合。就思想出发点而言，道德和政治相结合。"周人不仅形成了以"孝"为主的一套宗法道德规范，周公（姬旦）还提出了"以德配天"、"敬德保民"的德治伦理思想。以人为本、敬德崇礼是周人观念的基本特点。这在作为后世儒家经典的《周易》《尚书》《诗经》《左传》等书中都有反映。如《周易》提出了"天行健，君子以自强不息"，"地势坤，君子以厚德载物"的观念。《尚书·洪范》提出了帝王治国的根本大法，即"洪范九畴"，反映了一个严整的宗教神权统治体系，也就是所谓"德政"纲领。《尚书·蔡仲之命》中说："皇天无亲，唯德是辅"；《诗经》中生动描写了人与人之间的道德关系，歌颂了正直、善良、勤劳、忠实等美德，对丑恶、残暴、肆虐、狡诈进行了鞭挞。《左传》中也提到"太上有立德，其次有立功，其次有立言。虽久不废，此之谓三不朽"。这些伦理思想和价值观念都产生了深远的影响。

周朝建立后，一方面因袭商朝的种族血缘统治方法，一方面实行文化主旨上的转换，正如《诗经·大雅·文王》所云："周虽旧邦，其命维新。"周人"维新"，首先表现为建立家法制度，即无论君统还是宗统，皆由嫡长子继承。为了维护宗族团结，周人还创立了宗庙祭祀制度。据《礼记·王制》记载，周天子为七庙，诸侯为五庙，大夫为三庙，士为一庙。周公根据周人的文化传统和变化了的形势，并借鉴夏商两朝礼制，制礼作乐，以明尊卑、辨贵贱。周代礼制，既是典章制度的总汇，又是各种社会生活领域中行为规范的总汇。礼乐的"乐"，是指与周礼相配合的情感艺术系统。周人创造的宗法制、分封制、礼乐制等制度文化，无不渗透着一种浓厚的伦理道德精神。

周文化的道义主义价值取向也体现在周人制作的青铜器等器物文化之中。青铜器作为一种器物文化，是其创制者文化心态的外化和物化。因此，我们可以通过对西周青铜器的造型、用途、铭文和文饰等的分析，看到周人的伦理思想、价值观念和心理情感追求。

青铜器厚重的风格，严正的造型，深沉的刻镂，象征着不可动摇的政治威严和道德信念。青铜器的礼乐用途，反映了周人适应祭天祀祖而创造的肃穆庄严的伦理文化形式。有些青铜器上铸出的精美文字含有铸文以立信的伦理意蕴。大量青铜器上都可见深沉的文饰，它不仅象征着各种社会现象和自然现象的有序整合，而且如后来的龙凤崇拜一样，代表着政治和伦理文化中的权威意识。

在周人所创造的观念文化、制度文化和器物文化中，为什么会渗透着明显的道义主义价值取向？究其原因可能有二：一是同周人善于总结政治历史经验，由此而形成的价值观和历史观相关；二是同周人远天道、近人道的人本主义思维方式相关。周人在具备一定的经济实力之后，必然要求政治上和文化上的发展。武王伐纣为什么能够成功？周人取得政权之后怎样才能巩固？作为政治家和思想家的周公带着这些问题，深入总结了夏商以来的政治历史经验，从中看到了政治道德对国家兴亡的重大作用和重要价值，进而形成了道德决定王朝兴亡的历史观和价值观。根据今人列举的《夏商周年表》，从公元前 2070 年禹建夏王朝至公元前 1600 年桀亡国，夏朝共传十四世、十七帝，历时 470 年。从公元前 1600 年汤建商王朝至 1046 年纣亡国，商朝共传十七世、三十一王，历时 554 年。公元前 1046 年，周公辅佐武王建立了西周王朝。建国不久武王去世，周公又辅佐年幼的成王治理国家。周公所处的特殊地位决定了他一方面要直接参与重大决策，一方面还要以长辈和国师的身份告诫年少的君王及其他官员怎样才能使国家长治久安。现实的政治需要迫使周公必须认真总结夏商以来的历史经验，从中找出本质性和规律性的东西。夏朝的创始人禹是传说中的道德榜样，他"其仁可亲，其言可信；声为律，身为度"，甚至为治水而"居外十三年，过家门不敢入"。到了夏桀，则昏庸淫乱，"不务德而武伤百姓，百姓弗堪"，最后落得了丧命亡国的下场。与此相反，商族首领汤则很注意德。他"轻徭薄赋，以宽民氓，布德施惠，以振困穷"，于是，天下老百姓很快归顺于汤。汤起兵伐夏，"桀师不战"大败。但是，后来的殷纣王施暴政，"纵淫佚于非彝"，"用乱败厥德于下"。在这种情况下，纣王众叛亲离，于是，武王便兴兵伐纣，"纣师皆倒兵以战，以开武王"。牧野一战，商军大败，纣王在鹿台自焚而死，商王朝灭亡。和商王朝相反，周人自太王、王季起就克勤克俭，谦虚谨慎，到了文王更是实行亲民之策，用合理的方式管理生产和对待人民，照顾鳏寡孤独，勤政为民。正因为如此，武王才能很快灭商而得天下。周公通过对这些历史经验的总结，认识到夏商之所以灭亡，重要的教训就在于过分迷信天命，忽视了以德治国，才失去上天的信任，"天降时丧"，亡国了。总之，周公从三个朝代的交替中看到了道德，特别是统治者及其政策的道德价值取向在历史发展中所起的重大作用，真是合德者必胜，背德者必败。这种道德高于一切、决定一切的价值观和历史观，对整个周人和周文化产生了深远影响，起到了文化定格的作用。①

2. 秦文化的基本内容和价值取向

相传秦民族最初是兴起于中国东海之滨的游牧民族。后有非子一支迁徙至今陇西天水一带。据《史记·秦本纪》载：殷代末年，秦先祖"在西戎，保西垂"。到西周中期，"非子居犬丘（今甘肃天水附近），好马及畜，善养息之。犬丘人言之周孝王，孝王召使主马于汧渭之间，马大蕃息"，因此有功，被"封土为附庸"，"邑之秦"（今甘肃清水县附近）。西周晚期因国力衰微，为了抵御西北戎狄侵略才重用秦人，这也为其提供了发展机会。公元前 770 年，秦襄公因护送平王东迁洛邑有功，受封为诸候，"赐之以歧西之地"，"襄公于是始国，与诸侯通使聘享之礼"。公元前 762 年，秦文公迁都于汧渭之会（今陕西宝鸡市陈仓区内）。公元前 714 年，秦宪公又迁都于平阳（今陕西宝鸡市陈仓区阳平镇）。公元前 677 年，秦德公徙都雍城（今陕西凤翔县城南），在此居住长达 294 年。公元

---

① 孔润年：《周秦伦理文化的内涵、核心和价值》，《宝鸡文理学院学报》（社会科学版）2009 年第 2 期。

前659年，秦穆公上台，多方收揽人才，重用百里奚、孟明视等人，经数年秦晋战争并扩大战果，收服了十二戎国，开地千里，遂霸西戎。秦献公二年（公元前384年）将都城从雍城迁到栎阳（今陕西临潼县北）。秦孝公十二年（公元前350年），从任用商鞅变法开始，又将都城从栎阳迁到了咸阳（今陕西咸阳市东10千米处）。秦孝公任用商鞅变法取得成功，使秦的国力大为加强，为秦的发展开辟了道路。公元前337年，秦孝公儿子秦惠文君继位，与商鞅政见不合，杀了商鞅。公元前246年秦王嬴政立。公元前230年首先灭韩，此后9年之间，先后灭了赵、魏、楚、燕、齐。公元前221年统一中国，建立了中央集权制的大秦王朝。

秦文化的功利主义价值取向渗透于观念文化、行为文化、制度文化和物质文化之中。从观念文化的层面上看，秦人的价值取向和行为准则完全以世俗的实用为标准，较少受到西周礼乐文化的影响和约束，人们关心的是生产、作战等与日常生活密切相关的利害功利，而不是视仁义之兴废、礼乐之盛衰，以及道德之完善。秦人建国之后的发展中，不是固守传统的周文化，而是积极吸取东来的法家文化。秦自商鞅变法开始，就以法家思想作为治国的理论基础，始皇统一天下，仍旧任用李斯等法家人物，用法家思想治理国家。韩非主张统治者"不务德而务法"。秦人选择法家思想治国，有两个层面的原因：一是下层百姓，有重农尚武之习气；二是上层统治者急功近利，想使秦国尽快增强经济和军事实力，以达到富国强兵、统一天下的目的。

从行为文化的层面上看，从秦建国到始皇统一天下，秦人津津乐道的问题是农战、攻伐、垦荒、开塞、移民、生本、抑末等对国计民生有直接利害关系的事。他们不屑于仁义礼乐的哲学论证，更无心于超越时空、驰骋古今的联想，对人伦关系的道德要求，也远远不如东方各国那样严格。秦人占据关中后，利用渭北平原优越的自然条件和"周余民"的农耕技术，很快由游牧经济转入农耕经济，自春秋时期就逐渐居于先进之列，甚至超过关东诸国。进入战国时期及统一六国后，秦人更加崇尚重农务实的传统，大修水利工程，以促进农业发展。商鞅变法，制定了按军功大小（即杀敌多少）授爵的制度，这使人人"勇于出战，怯于私斗，乡邑大治"。追求霸权一直是秦统治者的政治目标。从"春秋五霸"到"战国七雄"，秦国都位列其中，这说明秦国奉行的政策取得了实效。

从制度文化的层面上看，秦人也以功利和实用为价值取向。他们的诸多制度创新影响深远，具有历史里程碑的意义。特别是秦始皇统一中国后，废除分封制，推行郡县制，分全国为三十六郡，郡下设县。中央和地方的重要官员都由皇帝任免，概不世袭，从此中国政治制度由王国制转向帝国制，皇帝取代了君王。为了适应政治统一，秦始皇还积极推行文化统一的政策，如统一文字、统一车宽、统一度量衡，即所谓"书同文""车同轨""度同制"。他还把全国的辽阔领土统一于中央政令、军令之下，又通过大规模移民，开发边境地区，传播中原文化，是为"地同域"。这些举措对中国政治和文化的其后发展影响深远。[①]

从物质文化的层面上看，秦人由于重功利而好大喜功，物质文化的创造成果累累。修建了万里长城、都江堰、郑国渠和灵渠等大型工程。秦人自战国起就修建了不少栈道，著名的有褒斜道、南栈道、故道、阴平道，秦统一六国后，又以咸阳为中心，修建了驰道、直道等交通路线，形成交通网络。在城市建设方面，早在秦穆公时的雍城，就东西长3500米，南北宽3200米，城内宫殿林立，雕塑和艺术图案到处皆是。西戎使者由余观后叹息道："使鬼为之，则劳神矣；使人为之，亦苦民矣。"后经历代君王建设，秦都的建筑更有发展，到秦始皇建都咸阳时，城市建设的规模和水平更是史无前例。在陵墓建筑方面，雍城附近，考古发现了十三个秦公陵园遗址，共探出44座大墓。秦始皇即位后，在骊山脚下为自己营建大

---

① 孔润年：《周秦伦理文化的内涵、核心和价值》，《宝鸡文理学院学报》（社会科学版）2009年第2期。

规模的陵墓，包括已出土的大量秦兵马俑，更是世人皆知。秦人还修建了许多规模很大的宗庙和供休闲游乐的苑囿，如上林苑就是其中之一。

周人重道义，秦人重功利，这是学界普遍认可的周秦价值观特征，也是周秦伦理文化的核心和灵魂。它渗透和体现在周秦社会的哲学、伦理、政治、经济、军事、外交等各个层面，对后世也产生了深远影响，直到现代社会仍有值得借鉴的诸多启示意义。

第二章　周秦伦理文化中的思想
政治教育资源

"思想政治教育学科的发展创新研究，离不开对中国优秀传统文化、传统美德和优良革命传统的继承弘扬。"① 利用中国传统文化进行思想政治教育，易于为学生所接受，能够取得较好的教育效果。但是，并非中国传统文化的所有内容都可以运用于思想政治教育。我们知道，任何文化都有可以超越时代的精华，同时也具有时代和个人的局限性，周秦伦理文化也是如此。如何抓住周秦伦理文化的价值和精华，从各家学说中选取那些在当时和后世产生过很大影响，在今天仍有积极意义的伦理思想、道德规范是本章要解决的主要问题。因此，我们以现代中国人的价值标准对周秦伦理文化加以鉴别，一方面努力发掘周秦伦理文化中可用于思想政治教育的优秀精华，另一方面摒弃其中的糟粕，使其更好地促进思想政治教育的创新发展，这种选择也体现了尊重传统、面向现代的理念。

一　崇德尚仁

（一）崇尚道德
古代德育思想的纲领性著作《大学》开篇即阐明其德育目标的

---

① 张耀灿：《思想政治教育学科理论体系发展创新探析》，《思想政治教育研究》2007 年第 4 期。

总纲领，曰："大学之道，在明明德，在亲民，在止于至善。"在这句话中，"大"字，通"泰"或"太"，"大学"即为"泰学"，意即境界极深之学问。具体而言，德育目标的第一条为"明明德"。前一个"明"字是动词，乃彰明、发扬光大之意；后一个"明"字是形容词，形容"德"的光明、美好。"明明德"意即发扬光明、美好的品德。"亲"字，《说文解字》曰："亲，至也。至，鸟飞，从高下至地也。从一，一犹地也。象形，不上去而至下来也。"朱熹《大学章句》中有程子曰"'亲当做新。'……新者，革其旧之谓也。言既自明其德，又当推己及人，使之亦有去其旧染之污也。"邓球柏先生则认为此"亲"字包含了四层含义：一为"仁爱"之意；二为"和睦"之意；三为"亲近"、"亲密"、"接近"等意；四为"新"之意，也即革旧去污之意。这说明"亲"字包含了深刻的民本思想。可见，"在亲民"，体现了中国古代德育思想中的民本思想和教化思想：一方面，要对民众保持仁爱之心，亲近民众，与民众和睦相处；另一方面，要使民众在光明、美好德性的指引下，革旧去污而自新。"止"乃到达、停止之意。"至善"意即善的最高境界。"止于至善"就是要达到最美好最完善的道德境界。那么，"止于至善"的具体要求是什么呢？《大学》指出："《诗》云：'邦畿千里，维民所止。'《诗》云：'缗蛮黄鸟，止于丘隅。'子曰：'赞止，知其所止，可以人而不如鸟乎？'《诗》云：'穆穆文王，于缉熙敬止。'为人君，止于仁；为人臣，止于敬；为人子，止于孝；为人父，止于慈；与国人交，止于信。"①《诗》云："'瞻彼淇澳，菉竹猗猗。有斐君子，如切如磋，如琢如磨。瑟兮僩兮，赫兮喧兮。有斐君子，终不可谊兮。''如切如磋'者，道学也。'如琢如磨'者，自修也。'瑟兮僩兮'者，恂慄也，'赫兮喧兮'者，威仪也。'有斐君子，终不可谊兮'者，道盛德至善，民之不能忘

---

① 孔颖达：《礼记正义》，民国丁卯仲冬南海潘氏重雕景宋绍熙本，卷66，第19—20页，中国书店1985年版。

也。"① 这段文字全面透彻地阐发了中国传统德育思想对"止于至善"的具体要求，换言之，对于不同地位不同层次的人，"止于至善"的要求就不同：这也即君仁、臣敬、子孝、父慈、友信。总而言之，《大学》提出的这三条德育目标是有机结合、紧密联系、不可分割的整体。"在明明德"是立志的要求，"在亲民"是实践行为的要求，"在止于至善"是对于实践结果的要求。总体来说，便是动机与效果、自我修养与教育人民、内圣与外王的有机统一。这种统一构成了我国传统思想道德教育的总目标、总纲领。

孔子认为教育应该以"志于道，据于德，依于仁，游于艺"为内容②，并将道德放在教育内容的首位，曰："弟子入则孝，出则悌，谨而信，泛爱众，而亲仁。行有余力，则以学文。"③ 在这里，孔子认为，只有达到孝、悌、信、仁等道德修养之余，才可以去学"文"。孔子又认为教学有四项内容，"子以四教：文、行、忠、信。"④ 在这四项教育内容中，行、忠、信三项都乃道德教育方面的内容。由上文可见孔子对道德教育极为重视，将其放在教育的首要位置。

孟子则继承和发展了孔子德育优先的思想。他认为"人之所以异于禽兽者几希"⑤，并认为："人之有道也，饱食暖衣逸居而无教，则近于禽兽。"⑥ 意即人和禽兽之间的区别并不多，然而人之所以区别于禽兽而为人，就因为人有道德，道德是人区别于禽兽的标志。因此，他认为人有仁、义、礼、智四方面的道德准则，且这四德都来自人自身的"善"端："恻隐之心，仁之端也；羞恶之心，义之端也；辞让之心，礼之端也；是非之心，智之端也。"⑦ 进而，他认

---

① 孔颖达：《礼记正义》，民国丁卯仲冬南海潘氏重雕景宋绍熙本，卷66，第19页，中国书店1985年版。
② 《论语·述而》。
③ 《论语·学而》。
④ 《论语·述而》。
⑤ 《孟子·离娄下》。
⑥ 《孟子·滕文公上》。
⑦ 《孟子·公孙丑上》。

为每个人都应该遵守道德准则，努力发挥善之德行；同时他认为不仅个人如此，国家和社会也应该通过道德教育来弘扬德性。它归纳中国传统教育的模式为："庠者，善也；序者，射也；夏曰校，殷曰序，周曰庠。学则有三代共之，皆所以明人伦也。"① 这也就是说，夏、商、周三代教育机构的名称和教育内容虽然各有不同，但道德教育原则"明人伦"乃其教育共同的内容和功能。进而他还阐释了道德教育对治理国家也即政治的重要意义："以力服人者，非心服也，力不赡也；以德服人者，中心悦而诚服也，如七十子之服孔子也。"② 又曰："善政不如善教之得民也。善政民畏之，善教民爱之。善政得民财，善教得民心。"③ 可见，孟子对道德及道德教育的重视程度之高，不仅认为道德是人之为人的标志，而且认为道德教育是实现仁政的重要方式。

荀子同样也认识到道德教育对育人的重要性，不过他是从"性恶论"的视角出发的。他认为，人性本恶，但后天的道德教育却"能化性，能起伪，伪起而生礼义"，并最终达到"涂之人可以为禹"④ 的目标。汉代儒家代表人物董仲舒则认为只有通过以仁、义、礼、乐为内容的道德教育，才能"化民成性"，使被教育者"正其义不谋其利，明其道不计其功"⑤。到宋代以后，以《大学》《中庸》《论语》和《孟子》为标志的"四书"成为儒家道德教育的主要内容，从而实现了儒家德育思想的理论化和系统论。南宋理学家陆九渊则强调了道德教育的目标乃"学为人"，他说："今所学者为何事？人生天地间，为人当尽人道，学者所以为学，学为人而已，非有为也。"⑥

将崇尚道德、注重德育置于教育的首位，促使人们自觉向善，

① 《孟子·滕文公上》。
② 《孟子·公孙丑上》。
③ 《孟子·尽心上》。
④ 《荀子·性恶》。
⑤ 《汉书·董仲舒传》。
⑥ 《陆九渊集·语录》。

不断提升自身的道德修养，成为富有文化精神之人。可以说，这种德育至上的教育传统已成为一种特殊的民族思维方式和思维情感，积淀为一种独特的民族心理和民族精神，其所产生的巨大力量，不论在当时还是在现时代都具有十分重要的作用，同时也对当前的思想政治教育具有重要的启示意义。

（二）居仁由义

"仁"是儒家创始人孔子的核心思想，孔子对"仁"有诸多论述，但其最基本的含义是"爱人"①。虽然这里的"人"是指包括至亲、朋友以及他人在内的所有人。不过孔子认为，"爱人"首先是要爱自己的亲人。在先秦社会宗法血亲礼制结构的历史背景下，孔子确立了"血亲情理"的基本精神，认为血缘亲情是构成人的整体性的唯一本原，因此他强调："孝弟也者，其为仁之本欤"②，这也就是说，孝悌是"仁"的根本，强调了血缘亲情的至上地位。孟子继承了孔子"仁"的思想，明确主张："事亲为大。"③"孝子之事，莫大乎尊亲。"④ 这即是说，侍奉亲人之事为最大，最大的孝顺，莫过于尊敬自己的父母亲长。孟子又曰："仁之实，事亲是也。"⑤ 即是说，"仁"的实质就是侍奉亲人。又曰："亲亲，仁也。"⑥ 意即，亲近亲人，爱护亲人，这就是"仁"。再曰："尧舜之人，不遍爱人，急亲贤。"⑦ 意即，即便是尧舜这样的圣人，他们也不可能同时爱护天下所有的人，他们最先爱的也是至亲与有德之贤人。再曰："父子之间不责，善。"⑧ 父子之间要互相爱护，以不互相责备对方为善。儒家将"事亲""尊亲""亲亲"等作为"仁"

---

① 《论语·颜渊》。
② 《论语·学而》。
③ 《孟子·离娄上》。
④ 《孟子·万章上》。
⑤ 《孟子·离娄上》。
⑥ 《孟子·尽心上》。
⑦ 同上。
⑧ 《孟子·离娄上》。

首要且最重要的内容。

1. 孔子的"仁道主义"精神

关于"道"，孔子也有很多的论述，如"君子谋道不谋食。……忧道不忧贫。"① 意即，君子在"谋道"与"谋食"两者之间更看重"谋道"，在获得"道"与摆脱"贫"之间更担心不能获得"道"。又如，"朝闻道，夕死可矣。"② 意即，早上获得了"道"，晚上死了也值得。所谓"道"，即道德、道义。又因为"仁"是孔子的核心思想，因此"仁"也是孔子的"道"的核心内容，孔子所言之"道"首先就是"仁道"。"仁道"就是把"仁"的思想道德化、规范化，并将其作为整个社会的行为规范。换言之，"仁道"就是将"爱人"的思想社会化。

孔子在《论语》中记载："子贡曰：'如有博施于民而能济众，何如？可谓仁乎？'子曰：'何事于仁？必也圣乎！尧舜其犹病诸。夫仁者，己欲立而立人，己欲达而达人。能近取譬，可谓仁之方也已'。"③ 这段意思是说，子贡问，如果一个人能为广大的百姓做出贡献，带来帮助，可以看作是仁者吗？孔子回答，这样的人何止是仁者，简直就是圣人！就连尧舜都很难做到这个程度。所谓仁者，就是自己站立起来，也要帮助别人站立起来；自己过得好，也要帮助别人过得好。能够推己及人，可以说是仁义之法。由此可见，孔子已经将血亲关系之"仁"推及他人，推及整个社会，将其社会化了，也就是说，孔子已经将"爱亲""事亲""亲亲"之"仁"扩展为"博施于民而能济众"之"仁"。换言之，关爱他人与关爱社会之"仁道"也是"仁"的重要内容。到此，孔子之"仁"的精神已经突破了最初的血亲关系而变为普遍的仁道主义精神。

2. 孟子的"仁义内在"思想

孟子将"不忍之心""恻隐之心"视作"仁"之端，也即

---

① 《论语·卫灵公》。
② 《论语·里仁》。
③ 《论语·雍也》。

"仁"产生的基础。首先，孟子从性善论的角度出发，认为"恻隐之心"和"不忍之心"是人与生俱来的、生而固有的，二者都是对他人在特殊境遇下的不幸而产生的同情、哀痛之情。比如，一个人看到一个小孩掉入井里，就会自然而然地产生"恻隐之心"，这种"恻隐之心"不是为了任何功利目的，而完全是人之情感的真实流露。孟子曰："恻隐之心，人皆有之；羞恶之心，人皆有之；恭敬之心，人皆有之；是非之心，人皆有之。……仁义礼智，非由外铄我也，我固有之也。"① 这即是说，恻隐之心、羞恶之心、恭敬之心、是非之心等与仁义礼智等美德一样，都不是由外虚饰而成的，而是人本身所固有的。又曰："君子所性，仁义礼智根于心。"② 也就是说，君子所得之天性，仁义礼智都深深植根于他的内心。又曰："有天爵者，有人爵者。仁义忠信，乐善不倦，此天爵也；公卿大夫，此人爵也。古之人修其天爵，而人爵从之。今之人修其天爵，以要人爵，而弃其天爵，则惑之甚也，终亦必亡而已矣。"③ 这是在说，有天然的爵位，有人为的爵位。仁义忠信，好善乐施而不知疲倦，为天然的爵位；公卿大夫等官职，是人为的爵位。古代的人加强天然爵位的修养，人为的爵位便随之而来；现在的人用修养天然爵位来追求人为的爵位，一旦得到人为的爵位便抛弃天然的爵位，真是糊涂极了，到头来必然要丢了人为的爵位。

孟子认为将"恻隐之心"扩而充之，即是"仁"。孟子曰："恻隐之心，仁之端也；羞恶之心，义之端也；辞让之心，礼之端也；是非之心，智之端也。人有此四端也，犹其有四体也。"④ 意即，恻隐同情之心是仁的开端，羞耻之心是义的开端，礼让之心是礼的开端，是非之心，是智的开端。一个人有了这四个开端，就如同他的身体有了四肢一样。也就是说，恻隐之心是"仁"的基础，"仁"

---

① 《孟子·告子上》。
② 《孟子·尽心上》。
③ 《孟子·告子上》。
④ 《孟子·公孙丑上》。

是恻隐之心发展的结果。孟子又曰："人皆有所不忍，达之于其所忍，仁也。"① 也就是说，每个人都有其不忍心做的事情，只要他能将它扩充到它所忍心的事上而且他自己停止做他不忍心的事，便是"仁"。可见，将不忍之心变成不忍之行，就是"仁"了。"仁"就是这种恻隐之心的升华与践行。因此，孟子又曰："仁，人心也；义，人路也。舍其路而弗由，放其心而不知求，哀哉！……学问之道无他，求其放心而已矣。"② 意即，"仁"是人心的本质，义是人所必由之大道，舍弃人所必有之大道而不走，放失人的良心而不知道去找回它，实在可悲啊！……做学问的要领没有别的，唯有将丧失了的良心找回来罢了。在这里，"放心"即找回人所固有的恻隐之心。孟子认为"恻隐之心"是人之为人的基本标准。曰："无恻隐之心，非人也；无羞恶之心，非人也；无辞让之心，非人也；无是非之心，非人也。"③ 任何人，如果他没有了恻隐之心、羞耻之心、礼让之心、是非之心，就都不能称之为人。孟子又认为人之为人的标准就是有道德。可见，孟子将恻隐之心等视为道德的主要内容之一，是人之为人的基本要求。

孟子在恻隐之心的基础上进一步提出了"仁政"的思想，曰："人皆有不忍人之心。先王有不忍人之心，斯有不忍人之政矣。以不忍人之心，行不忍人之政，治天下可运之掌上。"④ 意即，每个人都有一颗不忍看到别人蒙受灾难与痛苦的心，古代帝王由于有了怜悯别人的心，才有了怜悯天下百姓的仁政。用这种怜悯别人的好心，去施行怜悯别人的仁政，治理天下就可以像把一件小东西放在手掌上把玩那么容易了。因此，作为君王只有爱其子民，才能得到百姓的拥护，才能坐稳江山。故，孟子又曰："君子之于物也，爱

① 《孟子·尽心下》。
② 《孟子·告子上》。
③ 《孟子·公孙丑上》。
④ 同上。

之而弗人；于民也，仁之而弗亲。亲亲而仁民，仁民而爱物。"① 意思是说，君子对于万物都爱惜但谈不上仁爱；对于百姓施与他们以仁爱但谈不上亲爱。君子亲爱自己的亲人并推己及人而仁爱百姓，仁爱百姓而推及万物爱惜万物。也就是说，君子通过"不忍人之心"从亲爱自己的亲人出发，推向仁爱百姓，再推向爱惜万物，这就形成了孟子有差别的"爱的系列"，这也正是孟子"仁政"思想的理论基础。他认为："得天下有道：得其民，斯得天下矣；得其民有道：得其心，斯得民矣；得其心有道：所欲与之聚之，所恶勿施尔也。"孟子在总结历代王朝兴废存亡的经验和教训中看到了人民的力量，认为得民心者得天下，因此，孟子将人民放到很高的位置，并强调君王要以民为贵，要对百姓施以"仁政"，并提出"民为贵，社稷次之，君为轻"的朴素的民本主义观点②。此外，孟子还反对用严刑峻法治理国家，提倡君主"省刑罚"，教育百姓去修养孝悌忠信，曰："谨庠序之教，申之以孝悌之义，颁白者不负戴于道路矣。"③

孟子认为一个人应当以人为居，由义而行，才能处理好人与人之间的关系，认识和掌握宇宙之客观规律，实现人与自然的和谐。故孟子曰："仁人无敌于天下，以至仁伐至不仁，而何其血之流杵也。"④ 意思就是说一个拥有仁德的人在天下是没有对手的，以周武王那样极致仁爱的贤君去讨伐商纣那样最不仁爱的暴君，又怎么会发生血流成河连大木棒都漂走的事呢？这是因为，"尽其心者，知其性也；知其性也，则知天矣。"⑤ 意即，一个能竭尽其善心的至仁者，能真正了解人禀受自天的善性；懂得了天的善性，也就懂得了天命，也就能够把握自然规律，掌握人类自己的命运。故《中庸》

---

① 《孟子·尽心上》。
② 《孟子·尽心下》。
③ 《孟子·梁惠王上》。
④ 《孟子·尽心下》。
⑤ 《孟子·尽心上》。

讲："能尽人之性，则能尽物之性；能尽物之性，则可以赞天地之化育；可以赞天地之化育，则可以与天地参矣。"① 这也就是说，能够充分发挥人的本来善性，就能够让万物充分实现天性；能够让万物充分实现天性，就可以赞助天地化育万物；能够赞助天地化育万物，就可以与天地并立为三了。所以，无论受到怎样的待遇，我们都应该保持仁爱的品德，这样才能达于"知天"、"与天地参"之"至仁"的道德境界。

（三）追求圣贤人格

对圣贤人格的追求，是中国传统道德教育的目标。按照中国传统文化的相关划分原则，其对圣贤人格的追求分为三个层次。

首先，圣贤人格的第一个层次为圣人，也是人们理想人格的最高境界和传统道德教育的最高目标。按照孔子的理解，圣人乃实现道德圆满的社会统治者，是圣与王的统一者，也即所谓内圣而外王者，他将诸如尧、舜、禹、汤、文、武、周公等中国远古社会中的最高统治者归为此类。认为他们的道德品行是理想的人格典范。如孔子赞美尧说："大哉尧之为君也！巍巍乎！唯天为大，唯尧则之。荡荡乎！民无能名焉。巍巍乎！其有成功也。焕乎！其有文章。"② 不过孔子在肯定古代先王圣人品格的同时，又否认了圣人在现实社会中存在的可能性。他说："圣人，吾不得而见之矣。"③ 由此可见孔子对圣人人格的标准之高。与孔子所认为的圣人在现实社会中不存在的看法相反的是孔子的传人孟子。孟子认为："人皆可以为尧舜。"④ 孟子从性善论的角度出发，认为人有仁、义、礼、智四善端，每个人只要通过人为努力，充分发挥自己的善性，都可以达到圣人的理想境界。他说："可欲之谓善，有诸己之谓信，充实之谓

---

① 《中庸·第二十二章》。
② 《论语·泰伯》。
③ 《论语·述而》。
④ 《孟子·告子下》。

美，充实而有光辉之谓大，大而化之之谓圣，圣而不可知之之谓神。"① 这里的"大而化之之谓圣"意即能将光明、美好德行发扬光大并使天下人感化的就叫作圣人。儒家学派的另一位代表人物——荀子也认为圣人乃道的极致与圆满，学习就是为了培养和成就极致圆满的圣人人格。他说："圣人之道者极也，故学者固学为圣人。……曷谓至足，曰圣也。"他认为通过教育，人人都可以成为圣人。因此又说："涂之人可以为禹。"② 这些观点都体现了圣人作为中国古代社会理想人格之最高境界的标准之高以及对道德教育的推崇与追求。

其次，圣贤人格的第二个层次为君子，这也是人们理想人格的核心要求以及传统道德教育的主要目标。如果说圣人人格是达于极致的"不善而善"的道德圆满者，普通人难以在实际践行中达到，那么君子人格作为美好道德的追求与体现者以及理想人格的化身，则在实际践行层面上能被更多的人接受且达到，因此君子人格成为中国传统文化中最重要最核心的理想人格追求。"君子"一词，较早见于《尚书》和《诗经》，在《尚书》中有五六处，在《诗经》中则多达150余处，其义大致是指有社会地位的人。而"君子"一词获得道德内涵并成为道德人格的楷模则是在春秋战国时期。据统计，在《论语》中有60多章107处之多是与君子相关的论述与阐释，可见孔子对君子人格的重视。他认为"君子怀德"，是美德的追求者与体现者，强调君子人格的精神追求，因此他说："君子谋道不谋食。"③ 当一个人成为君子后，便可以获得"完全的人格"，达到"饭疏食饮水，曲肱而枕之，乐亦在其中矣。不义而富且贵，于我如浮云"④ 的道德境界，成为像颜回那样"一箪食，一瓢饮，在陋巷，人不堪其忧，回也不改其乐"⑤ 的贤人。他还认为君子必

---

① 《孟子·尽心下》。
② 《孟子·性恶》。
③ 《论语·子罕》。
④ 《论语·述而》。
⑤ 《论语·雍也》。

须具有崇高的道德气节，能做到甘愿舍弃生命来成就仁德，而非为了求生而舍弃仁德，"无求生以害仁，有杀生以成仁"①。

最后，圣贤人格的第三个层次为"士"或"成人"，这是人们理想人格以及传统道德教育的最基本的标准。"士"的本意为具有"万夫不当"之勇的武士和能够"运筹帷幄，决胜千里"的文士。无论成人或成士，基本的礼仪规范与自觉之志是其必备条件。"凡人之所以为人者，礼义也。礼义之始，在于正容体、齐颜色、顺辞令。容体正、颜色齐、辞令顺，而后礼义备。以正君臣，父子亲，和长幼。君臣正，亲父子，长幼和，而后礼义立。"② 可见"成士""成人"的首要标准是明晰"礼"的秩序。"成士""成人"的再一个标准是确立大志向。孔子曰："三军可夺帅也，匹夫不可夺志也。"明清之际的王夫之也提出"士之子自立者，人也"③ 的观点，把"立志"作为"成人"的标准。由此可见，传统文化对于"成士"或"成人"人格的理想的追求，着重培养人基本的社会责任感，引导人们向圣人、君子理想人格看齐，从而不断提升自己的道德水平和人生境界。

总之，这三种层次的理想人格，都是对人道德品质的要求，不论其能否完全实现，都激励和鼓舞了无数中华民族的优秀儿女，成就了无数令人钦佩的仁人志士。即使是在当代，这种对理想人格的追求对我们当前的思想政治教育工作仍然有着重要的意义。

二　天人合一

在中国传统文化中，人与自然的关系被称为"天人关系"。"天人合一"强调的是人与自然的协调发展，即人不应该违背自然规律

---

① 《论语·卫灵公》。
② 《礼记·冠义》。
③ 王夫之：《张子正蒙注》卷六。

去改造自然、征服自然和破坏自然，而应该在了解的基础上顺应自然规律，合理开发、利用和保护自然，促进自然万物生长，从而达到人与自然的相通相合。

（一）道家的"天人合一"观

道家是我国传统文化的三大主要思想流派之一，它起源于春秋末期的老子，以老子和庄子为代表。道家崇尚自然，提倡与自然和谐相处的天人观念，"天人合一"思想正是道家思想的重要精华之一，在《老子》与《庄子》中均有多处体现。

1. 《老子》中的"天人合一"思想

《老子》，又名《道德经》，由战国时期道家学派整理而成，记录了春秋晚期思想家老子的学说，是中国古代先秦道家学派的重要代表性著作。全文分上、下两篇，原文上篇《德经》、下篇《道经》，不分章，后改为《道经》在前，《德经》在后，并分为八十一章。《道德经》是中国历史上首部完整的哲学著作。

老子认为，道是派生万物的本原："道生一，一生二，二生三，三生万物，万物负阴而抱阳，冲气以为和。"① 意即，道整体唯一，浑然天成，派生天地，天地派生万物，天地中含有阴、阳二气，阴、阳二气相交而又互相冲击形成一个统一和谐的整体。那么，究竟"道"是什么呢？老子曰："有物混成，先天地生。寂兮寥兮，独立而不改，周行而不殆，可以为天地母。吾不知其名，强字之曰'道'，强为之名曰'大'。大曰'逝'，逝曰'远'，远曰'反'。"② 意即，有一个东西混沌而成，先于天地而存在。它寂静无声，寂寥无形；它独立自在而不因外物而改变，循环运行而从不停止，它可以作为天地万物的本原。我不知道它的名字，勉强称它为"道"，勉强称它为"大"。大又称为"逝"，逝又称为"远"，远又称为"反"。老子又曰："道冲，而用之或不盈。渊兮，似万物之

---

① 《老子》第四十二章。
② 《老子》第二十五章。

宗。湛兮，似或存。"① 意即，"道"是空虚且用之不尽的，它深不可测，好像万物的宗主，它清澈明净，似无而实存。因此，在老子看来，"道"就是一种无形无声，先于天地万物而存在的东西，它是天地万物的本原，独立存在而不受外物影响，反复循环运行而又从不休止，虚空似无却实存而用之不尽。按照上述描述，我们可以说，"道"其实就是天、地等自然万物运行发展的规律。接着老子又说："故道大，天大，地大，人亦大，域中有四大，而人居其一焉。"② 意即，所以道大，天大，地大，人也大，宇宙中有四大，而人居其中之一。因此我们可看出，在老子看来，人作为宇宙万物之一，虽然源于天地之间，但是并不说明人在宇宙天地以及万物本原之"道"的面前无足轻重，相反人与"道"、天、地同样，都在宇宙中有重要的位置。因为"人法地，地法天，天法道，道法自然"③。意即人以地为依据，地以天为依据，天以"道"为依据，"道"以"自然"为依据，"道"按自己内在的原因独立存在，独立运行，它只根据自己本来的样子存在着，没有别的什么影响着它，所以叫"道法自然"。这也就是说，"道"按照其自然的状态独立存在并循环往复，从不休止地运行着，天、地据此"道"而存在运行，而人则通过对天、地、"道"的认识，按照大"道"规律，顺应天地自然，效法天地自然，达到与天地自然以及"道"相通相合的"天人合一"状态，实现人自身的发展以及人与自然的和谐发展，也即"无为无不为"。④ "无为"意即顺应自然行事而不妄为，王弼解释其为"顺自然也"，"无不为"即无所不为。"无为无不为"意即，顺应自然行事而不妄为，就没有什么不能做的。对于"无为"，日本学者福光永司说："老子的无为乃是不恣意行事，不孜孜营私，以舍弃一己的一切心思计虑，一依天地自然的理法而行

---

① 《老子》第四章。
② 《老子》第二十五章。
③ 同上。
④ 《老子》第四十八章。

的意思。在天地自然的世界，万物以各种形体而出生，而成长变化为各样的形态，各自有其一份充实的生命之开展；河边的柳树抽发绿色的芽，山中的茶花开放粉红的花蕊，鸟儿在高空上飞翔，鱼儿从深水中跃起，在这个世界，无任何作为性的意志，亦无任何价值意识，一切皆是自尔如是，自然而然，绝无任何造作。"[1]

可见，"无为"不是什么都不做的消极不作为，而是人的行为的自然而为，也即在尊重自然规律、顺应自然规律前提下的一切合于自然的自然而然的行为。正是因为这种行为尊重自然规律，顺应自然规律，才避免了与"自然"的冲突，既实现了与自然的和谐，又成就了其自身"无不为"的结果。简言之，人与自然的这种"天人合一"的状态，正是人发挥其主观能动性来认识自然，了解自然，尊重顺从且按照自然规律而做事的结果。人之所以能为"域中四大"之一，也正因如此。

2.《庄子》中的"天人合一"思想

道家学派的另一个代表人物庄子，对"天人合一"的思想则有着独特的思考和视角。其所谓"天"包含两层含义：一是指作为自然界的自然之天，二是指自然本然的状态，及无为、自然而然的状态。基于此，庄子的"天人合一"就有了两个理论前提，一是在"道"统摄下的天人同质，一是作为自然而然状态之解释的"天"与作为与其相反的人为状态之解释的"人"的"天人相分"。

首先，从道的观念出发，认为天地、万物和人是齐同的。他认为道是万物之本，万化之源。"夫道，有情有信，无为无形；可传而不可受，可得而不可见；自本自根，未有天地，自古以固存。神鬼神帝，生天生地，在太极之先而不为高，在六极之下而不为深，先天地生而不为久，长于上古而不为老。"[2] 也就是说，道无处不在，万物莫不在道的涵摄之中。庄子认为，人与万物一样，都在

---

[1] 陈鼓应：《老子注释及评介》，中华书局出版社 1984 年版，第二章注 9。
[2] 《庄子·大宗师》。

"道"的统摄之中。从这个意义上讲，庄子认为天地万物与人是一体的，不存在主客问题。因此，庄子又说："以道观之，物无贵贱。"① 虽然从道统观万物的角度来讲，庄子认为"万物齐一"，不过，庄子又认为这种齐一不是无差别的齐一，不是万物泯灭各自个性的齐一，相反，庄子认为这种齐一是有差别的，是万物在保持各自本然状态下的齐一。

　　其次，关于"天人相分"，庄子曰："无以人灭天，无以故灭命，无以得殉名。"② 这就是说，不要以违背天意的行为来毁坏万物的自然状态，不要以故意行为来毁掉那些自然而然的生命，不要以贪得之念去殉身名利。庄子又曰："天在内，人在外，德在乎天。"③ 庄子认为天然之性是内在本然的，人的行为则是外在的，德性就在于合乎天性，顺应自然而为。因此，外在人为之"人"要合于内在本然之"天"，需要重建合乎天性之德性，行为顺应自然。庄子认为造成这种"天人相分"状态的原因在于人在外在世界中被外物所异化，进而迷失了本然天性。因此需要重建德性，以回归本然天性，进而重新回到"天人合一"状态。

　　最后，庄子又阐述了要重建"合天"之德性，达到"天人合一"的方法。即"心斋"和"坐忘"。"若一志，无听之以耳而听之以心，无听之以心而听之以气。听止于耳，心止于符。气也者，虚而待物者也。唯道集虚。虚者，心斋也。"④ "堕肢体，黜聪明，离形去知，同于大道，此谓坐忘。"⑤ 可见，此"心斋""坐忘"之法，都是内在自观之法，使人进入忘物忘我的状态，进而达到应物而不累物也不累于物的"天人合一"之境。

　　（二）儒家的"天人合一"观

　　其实"天人合一"思想，不仅是道家思想的重要内容，也是儒

---

① 《庄子·秋水》。
② 同上。
③ 同上。
④ 《庄子·人间世》。
⑤ 《庄子·大宗师》。

家思想的重要内容之一。不仅许多儒家原始经典中有很多相关论述，而且后世儒家学者对其也有继承和发扬。

1. 《易经》《易传》中的"天人合一"思想

《易经》是我国古代的预测学著作，主要包括六十四卦和三百八十四爻，卦和爻各有说明（卦辞、爻辞），作为占卜之用。《易传》又称"十翼"，是我国战国时期阐释《易经》的论文合集，包括《彖传》（上、下）、《象传》（上、下）、《文言》、《系辞》（上、下）、《说卦传》、《序卦传》、《杂卦传》十篇。它把中国古代早已有之的阴阳观念，发展成为一个系统的世界观，用阴阳、乾坤、刚柔的对立统一来解释宇宙万物和人类社会的一切变化，这其中自然有许多体现天人关系的论述。如《易传》对易卦起源有这样几处论述："易之为书也，广大悉备，有天道焉，有人道焉，有地道焉。兼三才而两之，故六。六者非它也，三才之道。"[1] "昔者圣人之作《易》也，将以顺性命之理。是以立天之道，曰阴与阳；立地之道曰柔与刚，立人之道曰仁与义。兼三才而两之，故《易》六画而成卦。分阴分阳，迭用柔刚，故《易》六位而成章。"[2] 所谓"三才"，即天、地、人；所谓"三才之道"，即天、地、人三者及三者之间关系的法则或规律，简言之即天人关系的法则或规律。具体而言，天道即天的法则是为阴和阳，地道即地的法则为柔和刚，人道即人的法则为仁和义，它们各自都是由两种相对立的因素构成，故而构成了《易经》六画的卦形，卦形交替运用阴阳、刚柔，就形成了《易经》六卦的章法。

可见，《周易》"三才"所蕴含的是天地生成万物的系统思维模式。在这一模式中，"天"是至关重要的。天之道，处于支配一切的地位，具有某种最高秩序、最高境界、最高权力的含义，相对于"地"而言，它是天地之间阴晴风雨、四季变化、万物生成的功能

---

[1] 《易传·系辞下》。

[2] 《易传·说卦》。

主动者。先民对天的认识，最初源于生产实践的需要。据文献记载，先民最早创制的"火历"，就是通过观察二十八宿中的心宿的显隐行止，来寻找农事生产活动的周期的。到了唐尧时期，"火历"发展成为阴阳合历，产生了今天所谓的"夏历"，有了年、月、日和四时的概念，有了二分、二至和闰月的概念，产生了天干记日法，到了商代形成了完整的干支纪日法。① 通过生产实践中观察天象、确定时令的活动，使笼罩在人们头上变幻莫测、充满巨大威力和神秘感的"天"，逐步为人们所理解，成为与先民的生产生活密切相关的，支配万物生长衰亡的自然的"天"。明末清初学者顾炎武在其《日知录》中说："三代以上，人人皆知天文，七月流火，农夫辞也；三星在户，妇人语也；日离子毕，戍卒之作也；龙星伏辰，儿童之谣也。"② 可见，天的概念的形成是有其生活基础的，把天与地联系起来用以解释自然现象也是自有所本的。

　　"夫大人者，与天地合其德，与日月合其明，与四时合其序，与鬼神合其吉凶。先天而天弗违，后天而奉天时。"③ 其意思是说，大人之所以能够成为大人，是因为大人能与天地之德相通相合，有与日月之相通相合的明德，有与四时运转一样做事的秩序，有占卜吉凶的预测能力。在自然发展变化之前做事能不违自然发展变化规律，在自然发展变化之后做事能顺应自然发展变化规律，与自然发展相合拍。这就说明，人如果能了解自然发展变化的规律，顺应自然发展变化规律做事，且在了解规律的前提下，根据事物发展状态，能在事先正确判断事物发展变化方向等，就能成为"合于天地"之德的"大人"，也即达于"天人合一"之境。《易传》又曰："与天地相似，故不违；知周乎万物而道济天下，故不过；旁行而不流，乐天知命，故不忧；安土敦乎仁，故能爱；范围天地之化而

① 吕绍纲：《周易阐微》，吉林大学出版社1990年版，第114—121页。
② 顾炎武：《日知录》（卷十三，天文），甘肃民族出版社1997年版，第1283页。
③ 《易传·文言》。

不过，曲成万物而不遗，通乎昼夜之道而知。"① 这即是说，拥有与天地相似的品德，所以不会违背天地之道；懂得万事万物发展变化规律并按规律办事，所以行为不会出现过错；沿着大道前行，而不是听从天命的安排，所以没有什么值得担忧的事；安于现实生活而诚恳求仁，所以能爱他人；顺应天地万物变化而能做到不过分，促成天地万物发展变化而能做到对任何事物都不遗忘，懂得宇宙运动变化规律并能明智地按其办事。这也就是说，仁道与天道是相通的，人道要效仿天道，从而才能实现二者的合一。而将作为万物之灵长之"人"羼入天地之间，并占有一席之地，则体现了先民对自身的高度自信和终极关怀。

此外，先秦典籍中也有按照这种天人合一思想，运用三才模式进行判断预测的例证。《国语·越语下》记载，越王勾践即位三年欲伐吴，范蠡进言："夫国家之事，有持盈，有定倾，有节事。持盈者与天，定倾者与人，节事者与地。……天时不作，弗为人客；人事不起，弗为之始。……夫人事必须与天地相参，然后乃可以成功。"把国家大事分为天、地、人三个相互联系的方面进行分析。《阴符经》也有"天发杀机，移星易宿；地发杀机，龙蛇起陆；人发杀机，天地反覆；天人合发，万变定基"的天地人综合分析方法。

通过以上内容可以初步确定，在中国传统文化的初始形成阶段，对于"天人合一"之三才思想的重视是十分普遍的，已经成为一种定型而普遍的思维模式，其运用范围也是较为广泛的，而不局限于学术思想领域。作为一种已经定型的认知成果，它不可能是无源之水，无本之木，一定有其直接的历史渊源和认知传统。这些内容可以帮助我们窥见先秦时期三才思想的普及程度，追溯中华先民在认知萌芽阶段初始的经验认知的过程特征和生活场景。

现代心理学的研究表明，人的认识与人的活动分不开。20世纪奥地利著名心理学家、哲学家皮亚杰说："认识起因于主客体之间

_____

① 《易传·系辞上》。

的相互作用，这种作用发生在主体与客体之间的中途，……关于认识的头一个问题就将是这些中介物的建构问题，……一开始起中介作用的并不是知觉，……而是可塑性要大得多的活动本身。"① 一般系统论的奠基人，奥地利生物学家冯·贝塔朗菲说："符号的代表性功能，就是从神话思想中，从环绕着自我及其周围世界漂浮不定的感受中逐渐形成的，……只有有了符号，经验才变成了有组织的宇宙。"② 美国当代著名哲学家 M. W. 瓦托夫斯基认为，对自然物、自然力进行拟人化解释、对生活中的经验事物进行归纳概括和对人们的生活方式进行立法性规范，是前科学阶段的三大认识方式。他说："所有这些认识方式所共有的根源就是常识这块土壤，常识一直没有得到明确表述，也并未形成神话、格言和规则那种明确格式，而是与人类的经验和实践的最广泛范围直接相关的。"③ 人类的认识只能来源于人类为生存的、有目的的社会实践活动。那么，易卦产生于怎样一个社会环境呢？据考古学发现，我国旧石器时代约经过三万年的缓慢发展，大约于一万年前开始进入新石器时代。在距今七八千年前，黄河、长江流域已经有了一定水平的原始农业和畜牧业，出现了形制准确合用、有锋利刃口的磨光石器，并开始烧制陶器。在新石器时代早期，先民已能够根据各自所在地区不同的气候、土壤特点和植物资源，培植出不同的农作物。在距今七千年的河南新郑裴李岗遗址，出土了较多数量的农业生产工具，从土地开垦到农作物收割及谷物加工的工具都有；这一时期的河姆渡和半坡遗址出土的稻和粟，经鉴定都已是经过相当长时期人工栽培的品种。在裴李岗、河姆渡还出土了猪骨和陶猪，陶猪体态肥胖、腹部下垂、四肢较短，整个形体已与野猪相去甚远。在河姆渡、半坡还发现大片木构建筑遗迹，姜寨也发现由几个民族建立的五百多平方米的部落村庄遗址，表明当时先民已过着较长期的定居生活。农

---

① ［瑞士］皮亚杰：《发生认识论原理》，商务印书馆 1981 年版，第 21—22 页。

② ［奥］冯·贝塔朗菲、［美］A. 拉威奥莱特：《人的系统观》，张志伟等译，华夏出版社 1989 年版，第 84—85 页。

③ 郑万耕：《易学源流》，沈阳出版社 1997 年版，第 8 页。

业、畜牧业发展的需要，促成了物候、天文和数学知识的早期积累。① 这也就是说，在距《周易》成书四千年前，中华先民已经形成了相对固定的生产生活方式，对渔猎耕作、四季变化、天象物候已经形成了初步的经验常识。我们有理由相信，在之后三千多年的发展过程中，这些经验常识经由自发的加工整理，充实完善，到易卦产生之时，已开始形成初始的、简单的，但又是固定的认知方式，用来解释未知，把握自然。事实上，阴阳、三才、五行这些中国传统文化最基本的范畴，都是史前先民生产生活中最实际、最常用、与人的生活最密切，而且是最基本的生产方式、生产资料或与生产实践密切相关的自然因素的集中反映。不管这些范畴在今天看来是多么高不可攀，其产生之初，都不过是生活中最基本的常识罢了。如阴阳，本义是指阳坡与阴坡，与农牧业生产密切相关；五行，更是生产生活中必不可少的五种要素，或者说是五种方式，在《尚书·洪范》篇中，也还不具备相生相克的系统功能；同样的道理，天、地、人三才，也只是认识主体直观面对的外在因素最一般的划分。古代哲学这种思想的基本特征，正如恩格斯所说，是"在某种具有固定形体的东西中，在某种特殊的东西中去寻找这个统一"②。在人类认知能力的萌芽时期，由于受生产力水平的制约，人的理智只能更多地倾注于眼前赖以生存的事物环境。可以这样推测，易卦产生之初，这种基于自然的"天人合一"思想基础之上的三才模式已初步建立并为人们所掌握，在一次偶然的占卜行为中，占人或巫师灵感发现，运用了天地人的分区方法去解释龟背上的裂纹，把裂纹的断与不断与三才位结合起来，便是一个三位卦模型，在此后的占卜过程中，采用这种方法对裂纹断裂与否的情况进行记录整理，自然形成了其数为八的固定模式。三位不足，便增至六位。随着对数学、天文学知识的不断吸收融通，便形成了一种新的

① 杜石然：《中国科学技术史稿》，科学出版社 1982 年版，第 11—13 页。
② 恩格斯：《自然辩证法》，人民出版社 1987 年版，第 35 页。

占卜方式——筮占。

我们虽然无法完整地演示中华先民社会实践的历史进程，但阴阳、三才、五行这些基本范畴是从先民的生产、生活中逐步显现出来的，这一点则是不争的事实。易卦产生的偶然性特征，也只能从认识发展的历史进程中去寻找必然的依据。离开创造性的社会实践活动，形成任何认识成果都是不可想象的。易卦产生之时的阴阳、三才，只是作为占卜兆象最一般最简单的分类，我们今天看到的天地生成、五行、三才、阴阳模式还只是蕴于产生之初的可能。但系统一经产生，必将遵循自身的发展规律，可能终将成为现实。

总而言之，《易经》《易传》中这种天地人浑然一体的"天人合一"认知方式具有鲜明的农业社会特征。中华先民长期生活在封闭的大陆环境中，生活方式是一成不变的，身边的事物都是司空见惯的，过去、现在和将来都像是已经确定的，山川河流、四季轮回、耕种劳作、生老病死几乎构成了生活的全部。在这样的认知环境中所形成的认知方法和认知成果必然带有这种浑然一体、完满自足的特点。加之，中国传统文化成型时期正处于封建社会前夜，因为当时动荡的社会关系和混乱的思想状况，又过分强调了纲常伦理的大原则，造成了长达两千年的超稳定的封建社会形态及其思想意识形式，几乎湮没了生命个体的发展欲望和创造冲动，阻碍了民主、自由、科学思想的发展和社会的现代转化，也使三千年前即已形成的易卦系统在科学发达的今天仍然笼罩着层层迷雾。所有这些，都要求我们汲取当代世界科技的最新成果，沿着既定的认知道路去继承、完善、发扬光大。

2.《中庸》中的"天人合一"思想

《中庸》原是《礼记》中的一篇，为战国时子思所作。全篇以"中庸"作为最高的道德准则和自然法规。宋代把它与《大学》《论语》《孟子》并列为"四书"，成为后世儒家必读经典。天人合一是《中庸》的重要思想。

《中庸》认为天道就是"诚"，人道就是追求"诚"。《中庸》

说:"诚者,天之道也。诚之者,人之道也。诚者,不勉而中,不思而得,从容中道,圣人也。诚之者,择善而固执之者也。"① 这就是说,天道的"诚"是自然的秉性。人道的追求"诚"是后天的造化,人道可以通过对"诚"的后天追求达到与天道的合一。孔颖达说:"此经明至诚之道,天之性也。则人当学其至诚之,是上天之道不为而诚,不思而得,若天之性,有生杀信著四时,是天之道。'诚之者人之道也'者,言人能勉力学此至诚,性时人之道也。不学则不得,故云'人之道'。'诚者,不勉而中,思而得,从容中道,圣人也'者,此覆说上文'诚者天之道也'圣人能然,谓不勉励而自中当于善,不思虑而自得于善,从容间暇而自中乎道,以圣人性合于天道自然,故云'圣人也'。'诚之者,择善而固执之者也。'此覆说上文'诚之者,人之道也'。谓由学而致此至诚,谓贤人也。言选择善事而坚固执之,行之不已,遂致至诚也。"② 这也就是说,天道与人道合一模式有两种:一是圣人的天人合一,二是贤人的天人合一。圣人的天人合一是本能的天人合一。贤人的天人合一是通过学习而达到的人为的天人合一。《中庸》说:"或生而知之,或学而知之,或困而知之,及其知之,一也。或安而行之,或利而行之,或勉强而行之,及其成功,一也。"③ 可见,《中庸》认为,人人都可以达到天人合一的"诚"的思想境界,关键在于个人的主观努力。只要通过主观努力,人人都可以达到天人合一之"诚"的境界。《中庸》又曰:"天命之谓性,率性之谓道,修道之谓教。"④ 也是在说,能顺其天性就叫作道,而通过改善人性不善的一面使其符合天性就是教化。

3.《孟子》中的"天人合一"思想

孟子以简练的语言概括了其"天人合一"思想,曰:"尽其心

---

① 孔颖达:《礼记正义》,景宋本卷第60,第28—29页。
② 同上书,第29页。
③ 同上书,第23页。
④ 《中庸》第一章。

者，知其性也；知其性，则知天矣。存其心，养其性，所以事天也。夭寿不贰，修身以俊之，所以立命也。"① 意即，人们只要充分发挥自己的心的作用，就能了解固有的天性，认识了天性也就认识了天道。在认识天道的基础上保存自己的天性，修养自己的天性，这样便可以用来侍奉天道了。无论是短命夭折还是健康长寿，都坚持尽心、知性、知天、存心、养性的修身功夫，就一定能够达到"立命"的境界，也即"天人合一"之境界。换言之，通过尽心、养性等途径，人就能达到"所过者化，所存者神，上下与天地同流"②、"万物皆备于我矣，反身而诚，乐莫大焉"③ 的天人合一境界。这种天人合一的思想教育贯穿于孟子思想的全部理论和实践。

综上所述，"天人合一"是周秦伦理文化中人与自然关系的重要内容，主要包含了两层含义：一方面，人是自然的派生物，人生活在自然之中，与自然界自然而然合而为一；另一方面，人由自然派生而又区别于自然界，因此，"天人合一"是人道德的最高原则与自然界的普遍规律相合相统一，这也体现了人之为人以及人与自然和谐相处的高度自觉，体现了人的积极的主观能动性。这对于当前我们处理人与自然的关系有着重要的意义。

三　贵和持中

贵和持中，是中国传统文化重要的基本精神之一，也是古代中国人坚守的基本信念和基本思想行为准则。

（一）"和"的思想

"和"是中华传统文化的核心价值观之一，存在于传统哲学思想、文化艺术乃至社会生活的方方面面。从现代人的思维习惯看，

① 《孟子·尽心上》。
② 同上。
③ 同上。

传统文化包括"和"在内的诸多概念都是纠结在一起的、朦胧的，甚至带有一些神秘的色彩。完整理解、准确把握传统文化中"和"这一范畴不能仅仅站在当今社会生活需求的角度，从趋同方面罗列其优点；也不能只站在批判的立场，指出其这样那样的历史局限性与不足，而应该从其发生发展的社会历史特点去分析和解读，在全面把握其内涵的基础上，再作扬弃取舍。

1. 演进之"和"

"和"作为一个范畴，其发展脉络呈现出由个别到一般、由具体到抽象的演进轨迹。

（1）音声之"和"。"和"的本义是指声音之相应，"和，相应也，从口，禾声"①。《尚书·尧典》"八音克谐，无相夺伦，神人以和"中的"和"就是从其本义而言的。老子也有"音声相和"②之说，都指多种声音的协调状态。

（2）调和之"和"。随着"和"的协调之义的逐步扩展，人们开始灵活运用这种状态，采取词性转换和字义引申的方法逐步实现了其内涵的扩展、提升，赋予了其"调和"之义。《尚书·尧典》中有"协和万邦"之说，将万邦之"和"比作音声之"和"。《左传·昭公二十年》记载了晏子关于"和"的言论："和如羹焉。水、火、醯、醢、盐、梅，以烹鱼肉，燀之以薪，宰夫和之，齐之以味。济其不及，以泄其过。君子食之，以平其心。"③将声音之"和"类推至调羹之"和"。《左传·襄公十一年》称："（晋侯）八年之中，九合诸侯，如乐之和，无所不谐。"④更能说明这种转换与类比。

（3）礼义之"和"。礼、义是儒家所倡导的人与人之间关系的集中体现，是其理想社会秩序的两大重要维度。孔子说："礼之用，

---

① 许慎：《说文解字》，中华书局 1963 年版，第 32 页。
② 王弼注：《老子道德经》，《诸子集成》，上海书店出版社 1986 年版。
③ 《春秋三传》，《四书五经》，天津市古籍书店 1988 年版，第 460 页。
④ 同上书。

和为贵。"①《礼记》中有"乐者天地之和也，礼者天地之序也，和故万物皆化，序则群物皆别"②的说法，将"和"作为礼的理想状态而提出来。在义的方面，《周易》中有"利者，义之和也"之说，其解释为"利物，足以和义"③。此外，荀子也有类似说法："故义以分则和，和则一，一则多力，多力则强，强则胜物。"④认为义也需要"和"。

（4）生物之"和"。"生"在传统文化中具有十分重要的地位，将生的功能赋予"和"，是其范畴发展过程中的重大突破，能否正确处理"生"的功能与协调状态之间的关系，也是"和"的实践过程中的一件大事。《国语·郑语》记载周太史史伯时讲道："和实生物，同则不继，以他平他谓之和，故能丰长而物归之。若以同稗同，尽乃弃矣。故先王以土与金、木、水、火杂以成百物。"⑤这里主要讲了"和"与"同"的差异主要在"生"。"和"所以能生，是因为一物之"生"由多种因素构成，如果仅有一种因素是不可能"生"物的，是不可能继之以长久的。《荀子·天论》中"万物各得其和以生，各得其养以成"⑥也将"和"与生联系到了一起。就社会状态而言，和谐的氛围，和平的环境更有利于各行各业的发展；就自然环境而言，风和日丽、风调雨顺则预示着丰收的年景。这应该就是"和实生物"的内涵。

（5）内在之"和"。老子将"和"与生命体的内在状态联系起来，为"和"的发展开辟了新的领域。老子说："道生一，一生二，二生三，三生万物。万物负阴而抱阳，冲气以为和。"⑦他还说：

① 朱熹注：《论语章句集注》，《四书五经》，天津市古籍书店1988年版。
② 陈澔注：《礼记集说》，《四书五经》，天津市古籍书店1988年版，第208页。
③ 《周易本义》，《四书五经》，天津市古籍书店1988年版。
④ 《荀子集解》，《诸子集成》，上海书店出版社1986年版。
⑤ 《国语》，上海古籍出版社1978年版，第515页。
⑥ 《荀子集解》，《诸子集成》，上海书店出版社1986年版，第206页。
⑦ 王弼注：《老子道德经》，《诸子集成》，上海书店出版社1986年版，第26—27页。

"含德之厚，比于赤子。毒虫不螫，猛兽不据，攫鸟不搏。骨弱筋柔而握固。未知牝牡之合而朘作，精之至也。终日号而不嗄，和之至也。知和曰常。"①这样的状态，老子认为是万物普遍的恒常姿态。

（6）中和之"和"。如果说前面的"和"都是专有所指，那么从这里就开始走向抽象化、概念化。《中庸》说："喜怒哀乐之未发，谓之中；发而皆中节，谓之和。中也者，天下之大本；和也者，天下之达道也。致中和，天地位焉，万物育焉。"②这里的和，已然超越了前面所有的状态与功能，作为"道"的普遍性标准用于天下。

2. 发生之和

"和"是植根于中华文化的土壤中的，传统文化先天带有"和"的特征。中华先民长期生活在相对闭塞的大陆环境，较早形成了大一统的社会格局，主要从事四季轮回、生长收藏的农业生产，日复一日，重复着日出而作、日落而息、完满自足、相对稳定的生活方式。农业生产对天时物候变化的依赖性很强。据记载，对四季变化的节气的认识早在夏朝即已形成。"先天而天弗为，后天而顺天时"③，长期的农业生产实践左右了人们的日常生活，逐渐形成了人们对天地自然的依赖关系；引导着人们对自然规律的认识和把握，逐步形成整体、综合的思维方式；并通过对自然规律的效法借鉴，进而建立相应的社会秩序，这就是所谓的"天人合一"。

中国传统文化这一独特的思维方式是由"象"开始的，由象而数，由象而理，由象而气，逐步展开。代表性的有我们熟知的太极、八卦、三才、五行、河图、洛书等，可以说是一种"模型"的思维方式。其中有的是具象的，如八卦，"天地定位，山泽通气，

---

① 王弼注：《老子道德经》，《诸子集成》，上海书店出版社1986年版，第33—34页。
② 朱熹注：《中庸章句集注》，《四书五经》，天津市古籍书店1988年版，第1页。
③ 陈澔注：《礼记集说》，《四书五经》，天津市古籍书店1988年版，第4页。

雷风相薄，水火不相射"①；有的是不具象的，如"天地之间其犹橐龠乎？虚而不屈，动而愈出"②；还有的非常简单，如太极图，只是两条阴阳鱼，再如河图、洛书，只是几十个点的排列。这些模式看似简单，但其间的内涵却十分丰富，蕴含了中华先民几千年实践的认知成果，指导着中华文明几千年前进的历程，直至今日仍然充满活力，有待于我们进一步挖掘探索。

那么在今天看来，这些不易把握，甚至可以说带有某些神秘色彩的模式是怎样产生的呢？《周易》的解释是"效法"，"法象莫大乎天地"③，"崇效天，卑法地"④，"天尊地卑，乾坤定矣。卑高以陈，贵贱位矣"。⑤ 老子的解释也是"效法"："人法地，地法天，天法道，道法自然。"⑥ 所谓的阴阳五行八卦等，都可以说是这种"效法"的结果。

我们可以对这些熟知而又陌生的思维模式做种种推测，但其主旨应该是不变的，那就是农业生产所形成的生、长、收、藏规律的默契于心，所谓"春生夏长，秋收冬藏，天之正也，不可干而逆之，逆之者虽成必败"，⑦ 这其中，"生"的位置又是十分特殊的。在中国传统文化中，"生"才是宇宙的真谛，如"天地之大德曰生""生生之谓易"⑧，"道生一，一生二，二生三，三生万物"⑨，"天何言哉，四时行焉，百物生焉"⑩。虽然"生"只是代表四季中的一季，但人们对它的重视显而易见，中华文明所以能够绵延不绝，其

---

① 《周易本义》，《四书五经》，天津市古籍书店1988年版，第70页。
② 王弼注：《老子道德经》，《诸子集成》，上海书店出版社1986年版，第3页。
③ 《周易本义》，《四书五经》，天津市古籍书店1988年版，第62页。
④ 同上书，第59页。
⑤ 同上书，第56页。
⑥ 王弼注：《老子道德经》，《诸子集成》，上海书店出版社1986年版，第14页。
⑦ 张建国注译：《鬼谷子》，陕西旅游出版社1991年版，第164页。
⑧ 《周易本义》，《四书五经》，天津市古籍书店1988年版，第58页。
⑨ 王弼注：《老子道德经》，《诸子集成》，上海书店出版社1986年版，第26—27页。
⑩ 朱熹注：《论语章句集注》，《四书五经》，天津市古籍书店1988年版，第75页。

始点应该就在于此。

那么作为四象之一的"生"怎样才能做到长久？老子的办法是"弱"。他提出"反者道之动，弱者道之用""人之生也柔弱，其死也坚强，万物草木之生也柔脆，其死也枯槁。故坚强者死之徒，柔弱者生之徒"①。老子认为"强"只能强在一时，就像疾风暴雨一样，只能在朝夕之间，而"弱"才能够生生不已。这里的"弱"不是真正的弱，是辩证的，是以战胜自己为先决条件的，是可以胜强的，所谓"天下莫柔弱于水，而攻坚强者莫之能胜，以其无以易之，弱之胜强，柔之胜刚，天下莫不知，莫能行"②。就强与弱来衡量，儒家文化也不属强的范畴。"儒"之本义就有文弱之意，儒家所追求的理想人格"文质彬彬，然后君子"③，也不是"强者"的形象。"象"的方式，"生"的追求，"弱"的态势，所有这些都可以说是"和"的根源所在。

与西方文化相比，中华文化"和"的特点更为明显。在处理人与自然的关系上，西方文化强调的是征服自然、改造自然、人为自然立法，而中国文化则是以效法自然为前提；在处理人与人的关系上，西方文化遵循"物竞天择，适者生存"的竞争法则，中国文化则以和谐、和睦为基调；在处理国家与国家的关系上，西方近代史推行的是向外拓展、向外开掘的殖民主义，中国传统文化强调的是修文德以服人、处下以接纳人；在自我的价值取向上，西方文化崇尚英雄史观、追求外在的强势，中国文化强调克己功夫、自胜者强，追求人性的内在超越；在认知规律的把握上，西方文化注重对立面的矛盾与斗争，中国文化强调对立面的相交相生。由此可见中华文化的特征所在。

3. 辨析之和

在"和"的对立面问题上存在多种观点，一般认为"和"的对

---

① 王弼注：《老子道德经》，《诸子集成》，上海书店出版社1986年版，第25页。
② 同上书，第46页。
③ 朱熹注：《论语章句集注》，《四书五经》，天津市古籍书店1988年版，第24页。

立面是矛盾、是斗争、是异。确实，相对于矛盾的另一面"同一性"而言，"和"与"矛盾性"的对立更为显而易见。但在中国传统文化中，首先强调的却是与"同"的差异，如"和实生物，同则不继"，"君子和而不同，小人同而不和"①，"和而不流"② 等，所以"和"一定不是"同"。"和"既不是"同"也不是"异"，那么它究竟是什么呢？"和"在"同""异"之间，是"同"与"异"对立双方既不同一，又不排斥的一种状态；是对立双方相交、相融，相互作用的活泼的中间状态；是既反对过也反对不及，既反对此也反对彼，既反对动荡不安，也反对死气沉沉的"两条路线的斗争"；是"执其两端用其中于民"③。这个状态可以指向具体的事物现象，如一个人，一个群体，一个国家，一个社会，也可以是万事万物所蕴含的规律，如道、太和、阴阳、三才、五行等。它的最大特点是因和而生，不是死水一潭。通过对立双方调和、融合，相生相克，进而实现生生不息。

"和"是动态变化的，而非静止不变的；是相对的，而非绝对的；是开放的、兼容的，而非封闭的、唯我的。有和谐就有不和谐，暂时不和谐，长远看仍然是和谐。如《周易》六十四卦所展现的事物波澜壮阔发展的过程，虽然其间有诸多不和谐的因素、环节，但其整体仍然是和谐的，仍然是生生不息的。并且这个过程不是封闭的，而是开放的，其终点不是"既济"，不是绝对的"和"，而是"未济"，向着未来不断演进升华的。

"和"还表现为一种价值趋向。一个国家，一个民族，一个人，都有自身的目标和追求，是以强者的姿态出现，去征服自然，改造自然，为自然立法，还是尊重自然，融入自然，效法自然，追求人与自然的和谐发展？周秦伦理文化肯定的是后者。"和"还是建立在哲学认知、社会实践、人生体验之上的审美追求，所谓"天地有

---

① 朱熹注：《论语章句集注》，《四书五经》，天津市古籍书店1988年版，第57页。
② 张载：《张子正蒙》，《诸子百家丛书》，上海古籍出版社1992年版，第4页。
③ 同上书，第3页。

大美而不言"①。就个人而言，就像《周易》所说的那样："君子黄中通理，正位居体。美在其中，而畅于四支，发于事业，美之至也。"② 通过内在超越，进而实现外在的事业，这样的人格才是美的；就社会而言，每个社会中人都能够做到"甘其食，美其服，安其居，乐其俗"③，都不断完善自我，不追求奢华的物质生活，这样的社会环境不可谓不美也。

完整理解"和"的内涵，仅从认识角度，泛泛而谈是不够的，需要我们用切身体验去丰富它。"和"的实现也不是一蹴而就的，而是"苟日新，日日新，又日新"，④ 需要我们不懈地努力去实现它，而非认定既成事实，在现有状态停滞不前。"和"的存在是以"对立"为前提的，没有矛盾就没有和谐，"和"的实现也必须有足够的斗争实力为保证。回避矛盾，回避斗争，单纯"为和而和"或者"以和求和"的方式注定要失败。当前我国正处于社会主义初级阶段的发展期、变革期，经济发展所带来的两极分化、社会问题多发等矛盾日益显现出来，"和"的重要性越来越为人们所认同，但是美好的愿望不会自行实现，是需要我们刻意去追求的，为了实现这一目标，必须与自然环境、社会环境、自身内在的环境，凡是认为不合理的东西去"斗争"，不如此就不足以实现这一梦想。

（二）"中"的思想以及"和中"关系

贵"和"又与持"中"相联系。《中庸》说："喜怒哀乐未发谓之中，发而皆中节谓之和。中也者，天下之大本也；和也者，天下之达道也。致中和，天地位焉，万物育焉。"⑤ 意即，人们的喜怒哀乐没有表露出来叫作中，表露出来合于法度叫作和。中，是天下之根本；和，是天下共行之普遍原则。达到中和，则天地各得其

---

① 王先谦注：《庄子集解》，《诸子集成》，上海书店出版社 1986 年版，第 138 页。
② 《周易本义》，《四书五经》，天津市古籍书店 1988 年版，第 6 页。
③ 王弼注：《老子道德经》，《诸子集成》，上海书店出版社 1986 年版，第 47 页。
④ 朱熹注：《大学章句集注》，《四书五经》，天津市古籍书店 1988 年版，第 2 页。
⑤ 《中庸》第一章。

所，万物随之化育生长。可见在中国传统文化中，"中"即是事物的一种"度"，即不偏不倚，既不过度，也不不及；进而"中"也是人们对事物的一种态度，即既不"狂"，也不"狷"。因此，"君子尊德性而道问学，致广大而尽精微，极高明而道中庸。"① 意即，君子要恭敬奉持天生德性，广发学习事物并探究其中的精微之理，使学问和德性都达到精深高妙的境界，即不偏不倚之中庸之道。"舜执两端而用其中于民"②，意即，舜度量人们认识上的"过"与"不及"，然后用中庸之道去引导他们。可见，这种中庸之道正是中国古代社会调节社会矛盾并使之达到中和的思想观念与方法原则。

总体来说，这种"贵和持中"的思想，使人们十分注重对和谐的实现和保持，这也是中国古代社会能长期保持稳定的重要原因，更是中华文明具有强大生命力而不断发展的重要原因。

四 以人为本

"天地之性人为贵"③，中国传统文化特别注重人，尤其关注人的精神发展，发展出了重人生、讲入世的人文主义文化传统。

（一）"人文"思想

"人文"一词，最早见于《周易》："文明以止，人文也。观乎天文，以察时变。观乎人文，以化成天下。"④ "人文"，即"人之文"，它或指社会的道德规范，或指人世间的事态、状况，或指文字、文章、典章制度等。孔颖达将"人文"解释为诗书礼乐之教，他说："言圣人观察人文，则诗书礼乐之谓。观乎人文以化成天下

① 《中庸》第二十七章。
② 《中庸》第六章。
③ 朱熹：《四书集注·孟子》。
④ 《周易·贲卦·象传》。

者，言圣人观察人文，则诗书礼乐之谓，当法此教而化成天下也。"① 在此，"观乎人文以化成天下"意即用诗书礼乐之教来教育百姓、化成天下。

先秦各家都十分关注人的存在，尤其是人的伦理精神的存在，认为这是人之为人的根本，强调人作为精神主体的能动积极性。孟子曰："人之有道也，饱食、暖衣、逸居而无教，则近于禽兽。圣人有忧之，使契为司徒，教以人伦：父子有亲，君臣有义，夫妇有别，长幼有序，朋友有信。"② 可见，孟子认为，具有五伦道德等精神是人区别于禽兽也即人之为人的标志。荀子将是否有"义""礼"等视为人区别于禽兽等其他物种或生命的最重要标志，他说："水火有气而无生，草木有生而无知，禽兽有知而无义，人有气、有生、有知亦且有义，故最为天下贵也。"③ 这也就是说，人与禽兽之间的区别就在于人有义而禽兽无义。他又说："故人之所以为人者，非特以其二足而无毛也，以其有辨也。夫禽兽有父子而无父子之亲，有牝牡而无男女之别。故人道莫不有辨。辨莫大于分，分莫大于礼，礼莫大于圣王。"④ 也就是说，"礼"是人与禽兽之间的根本区别。《礼记》中也有类似的论述："男女有别，然后父子亲；父子亲，然后义生。义生，然后礼作。礼作，然后万物安。无别无义，禽兽之道也。"⑤ "鹦鹉能言，不离飞鸟；猩猩能言，不离禽兽。今人而无礼，虽能言，不亦禽兽之心乎？夫唯禽兽无礼，故父子聚麀。是故圣人作，为礼以教人，使人以有礼，知自别于禽兽。"⑥

《礼记》还将"礼乐"作为人兽区分的标志："凡音者，生于人心者也；乐者，通伦理者也。是故知声而不知音者，禽兽是也；知音而不知乐者，众庶是也。唯君子为能知乐。是故审声以知音，审

① 孔颖达：《周易正义》。
② 《孟子·滕文公上》。
③ 《荀子·王制》。
④ 《荀子·非相》。
⑤ 《礼记·郊特牲》。
⑥ 《礼记·曲礼》。

音以知乐，审乐以知政，而治道备矣！是故不知声者不可与言音，不知音者不可与言乐，知乐则几于礼矣！礼乐皆得，谓之有德，德者得也。"① 这里，不仅将"礼乐"视为人与禽兽之区别，还将其分了层次，认为只知"声"而不知"音"者视为禽兽，将知"声""音"而不知"乐"者视为众庶，将知"音"且知"乐"者视为君子，将"声""音""礼""乐"皆得者视为"德者"，进而对人提出了文化的要求：众庶知音而不知乐，固然高于禽兽，但知乐的君子，显然更高于众庶。君子知乐，因故知礼，进而可以"审乐知政"，君子知乐知礼，进而有德，则成为可以治理天下者。

此外，墨子还提出了"力"的原则，认为"力"也是人与动物之间的区别，他说："今人与此异者，赖其力者生，不赖其力者不生。"②

综上所言，人文精神就是注重人的地位与作用，尤其重视人的精神，认为人之所以区别于其他自然存在物，就在于人具有其他存在物所不具备的伦理精神，这也即人的主体性、创造性。正因此，人虽源于自然，却又超越自然，可以将包括人自身在内的自然视为认识对象来认识并加以利用和改造。

（二）"民本"思想

中国古代社会的统治者很早就有"爱民""重民""尊民""亲民"的意识。殷代有统治者就已指出要"重我民"，"罔不为民之承"③。意即，要重视民众，没有不遵从民意而做事的。除此之外，《尚书》中还有许多关于民本思想的论述，如"安民则惠，黎民怀之。天聪明，自我民聪明。天明威，自我民明威"④ "民之所欲，天必从之。天视自我民视，天听自我民听"⑤ "人无于水监，当于民

---

① 《礼记·乐记》。
② 《墨子·非乐上》。
③ 《尚书·盘庚》。
④ 《尚书·皋陶谟》。
⑤ 《尚书·泰誓》。

监"① 等。魏晋时期出现的伪《古文尚书》将民本思想概括为：
"民为邦本，本固邦宁。"② 意即，人民是国之根本，人民稳固了国
家就安宁了。另外，《诗经》中也有很多关于民本思想的内容，如
《七月》《伐檀》《硕鼠》等着眼于现实的篇章，都强调了民生
问题。

周朝统治者更是形成了自觉的民本意识，如周公认为要重视民
的苦痛，将民的苦痛看作自己的苦痛，并提出了"保民"，强调
"用保乂民""用康保民""惟民其康""裕民""民宁"③ 等，又提
出要体察民情，"知稼穑之艰难，知小人之依。怀保小民，惠鲜鳏
寡"。春秋时期的民本思想多见于《左传》《论语》《墨子》等典
籍。《左传》首先注意到民利及民间疾苦问题，曰："天生民而树之
君，以利之也。"④ 上天为了民众的生存才树立起国君，来为他们谋
利益。又曰："亲其民。视民如子，辛苦同之。"⑤ 意即国君要爱护
子民，要像对待自己的子女一样来爱护，与他们同甘共苦。孔子继
承了《左传》中的民本思想，对国家暴力作用进行了反思，并提出
了"仁者爱人"的爱民原则，主张对民众重教化而轻惩罚，强调
"为政以德""视民如子"，认为民富则国足，民逆则政亡。进而又
提出了系统的仁政、王道理论，曰："取民有制，使民以时，使民
如承大祭。"⑥ 意即，从民众中抽取赋税要有节制，抽调民力要选择
适当时间，使用民力如同大型祭祀活动要慎之又慎。

战国时期，民本思想进入鼎盛阶段，商鞅将"尚农"作为国富
兵强的基础，并形成"重农抑商"的政策，从而奠定了古代中国重
农抑商政策的基础。此时，无论托管晏之名而明确概括出的法家化
的"民本"思想，还是老庄基于悲天悯人而形成的淡化政府权力的

---

① 《尚书·酒诰》。
② 《古本尚书·五子之歌》。
③ 《尚书·康诰》。
④ 《左传·文公十三年》。
⑤ 《左传·昭公三十年》。
⑥ 《论语·颜渊》。

深邃思想，都显示出民本思潮的多角度展开和全方位推进。《吕氏春秋》将发展农业，看作是成就霸业的基础，曰："霸王有不先耕而成霸王者，古今无有，此贤者不肖之所以殊也。"① 意即，要想成就霸业，必须先重视农耕，不重视农耕而想成就霸业，从古到今都没有过，这就是贤者与不肖者之间的差别，也即贤者重视农耕，不肖者不重视农耕。

而直接把民本思潮推向以道德为本位、以教化为己任的是儒家的孟子和荀子，尤其是孟子。在孟子看来，民众是天下的主体，只有民众有德，天下才会安定，社会才能发展。他系统地提出了自己的民本思想，曰"诸侯之宝三：土地、人民、政事。"② 而在这三宝中，尤其以人民最为重要，曰："得其民斯，得天下矣。"③ 他认为只有得到人民的支持，土地才会有人耕种，国家才能安宁，政事才能进展顺利。因此，孟子又提出："乐民之乐者，民亦乐其乐；忧民之忧者，民亦忧其忧。"④ 不仅如此，孟子还主张以国民的意见作为评判和决策国事的根本依据，他说："国君进贤，如不得已，将使卑逾尊、疏逾戚，可不慎与？左右皆曰贤，未可也；诸大夫皆曰贤，未可也；国人皆曰贤，然后察之；见贤焉，然后用之。左右皆曰不可，勿听；诸大夫皆曰不可，勿听；国人皆曰不可，然后察之；见不可焉，然后去之。左右皆曰可杀，勿听；诸大夫皆曰可杀，勿听；国人皆曰可杀，然后察之，见可杀焉，然后杀之。故曰国人杀之也。如此，然后可以为民父母。"⑤ 在此基础上，孟子进一步提出了所谓"民为贵，社稷次之，君为轻"⑥ 的思想，认为不能以王道而行的君主是不宜为君主的，从而奏响了民本思潮的最强音。此外，孟子认为失道的君主应该受到批评、匡正，甚至废黜。

---

① 《吕氏春秋·上农》。
② 《孟子·尽心下》。
③ 《孟子·离娄上》。
④ 《孟子·梁惠王下》。
⑤ 同上。
⑥ 《孟子·尽心下》。

孟子之后，荀子也提出许多振聋发聩的警告，曰："庶人安政，然后君子安位。传曰：'君者，舟也。庶人者，水也。水则载舟，水则覆舟。'此之谓也。故君子者，欲安，则莫若平政爱民矣。"① 又曰："天之生民，非为君也。天之立君，以为民也。"②

受民本思想的影响，在中国古代社会，后来的历代君王都有着不同程度的重民思想，且出现了一大批关心民众、重视民生疾苦的思想家、文学家和政治家。在近代中国，进步人士又为传统的民本思想注入了新的理论，与西方的"民主"相嫁接成为推动中国社会进步的重要思想。

五　大同理想

实现世界大同是传统儒家与道家的社会理想。对此，孔子和老子都有过描述和论述。

（一）《老子》中的"大同"思想

在《老子》一书中，有大量关于处理邦国之间关系的论述，以及其建立"小国寡民"的社会主张，反映了老子对社会和谐以及大同世界理想的向往和追求。

老子认为，在处理国与国之间的问题上，应该以大道作为准则。老子曰："天之道，不争而善胜。"③ 意即，自然运行的规律是，不与什么争斗而往往善于获得胜利。故老子认为国与国之间也应该和睦相处，不以兵戎相见。而战争的实质则是用"强"的手段去争夺他国的土地、财产和人口，因而是违道的，所以老子又说："兵者不祥之器。""夫乐杀人者，则不可以得志于天下矣。"④ 可见，老子

---

① 《荀子·王制》。
② 《荀子·大略》。
③ 《老子》第七十三章。
④ 《老子》第三十一章。

认为发动战争的人往往会招致失败，而且战争还会造成"荆棘生焉""必有凶年"① 之结果，给社会和广大民众带来无穷的灾难。因此老子说："天下有道，却走马以粪；天下无道，戎马生于郊。"② 意即，以合乎"道"的方式来治理天下，就可以做到天下太平安定，把战马退还田间，给农民用来耕种；以违"道"的方式来治理天下，连怀胎的母马也要送上战场，在战场的郊外生下小马驹。因此老子认为，得道者在处理国与国之间的矛盾时，都不会用战争作为解决冲突的手段，曰："以道佐人主者，不以兵强天下。"③ "善为士者不武，善战者不怒，善胜敌者不与。"④ 意即，依据"道"辅佐君主的人，不以武力逞强于天下。善于带兵的将帅，不逞其勇武；善于打仗的人，不轻易被激怒；善于胜敌的人，不轻易与敌人正面交锋。老子又说："以其不争，故天下莫能与之争。"⑤ "夫慈，以战则胜，以守则固。"⑥ 意即，因为不争，所以天下人没有能与他相争。将慈爱用于战争则会取得胜利，将慈爱用于自守则能获得巩固。正由于此，即使在不得已的情况下要使用战争手段，也应该"知其雄，守其雌"⑦，也即知道自己的强大，而安于柔下的地位。

在处理大国与小国的关系问题上，老子认为大国应该有海纳百川的气魄，宽厚包容，安静守定。一次他说："大国者下流，天下之交，天下之牝，牝常以静胜牡，以静为下，故大国以下小国，则取小国，小国以下大国，则取大国，故或以下取胜，或下而取。大国不过欲兼畜人，小国不过欲入事人，夫两者各得其所欲，大者宜为下。"⑧ 意即，大国要像江河下游那样，宽厚包容，使天下百川交

① 《老子》第三十章。
② 《老子》第四十六章。
③ 《老子》第三十章。
④ 《老子》第六十八章。
⑤ 《老子》第六十六章。
⑥ 《老子》第六十一章。
⑦ 《老子》第二十八章。
⑧ 《老子》第六十一章。

汇于此，宽厚包容往往以其安静处定而战胜雄壮强大。因此，大国对小国谦下忍让，就可以获得小国的信任与依赖；小国对大国谦下忍让，就可以取得大国的宽容庇护。因此，大国不要过分想兼并统治小国，小国不要过分想顺从大国，这样它们各自都能得到自己所想要的。可见，老子明显反对恃强凌弱，以大欺小。在老子看来，尽量使自己处于谦卑低下的位置，才能容纳各种意见、建议，才能不断地修正自己的错误与不足，才能不断积累壮大而使自己日趋完善。谦卑低下蕴藏着巨大的发展潜力，越是谦恭的态度，往往越能获得更多；越是卑微之人，往往越有进取的心志与努力。反之，恃强凌弱，遇事而争，往往会导致盈满与骄傲，从而播下失败的种因。

《老子》中有一段是描写他自己理想中的社会。他说："小国寡民，使有什伯之器而不用，使民重死而不远徙；虽有舟舆，无所乘之；虽有甲兵，无所陈之。使人复结绳而用之。至治之极。甘其食，美其服，安其君，乐其俗，邻国相望，鸡犬之声相闻，民至老死，不相往来。"① 意即，一个国家，疆域不要太大，人民不要太多，即使有各种各样的器具，却并不使用它们；使老百姓重视自己的性命，不去背井离乡，迁徙远方。即使有船和马车，也没有机会乘坐它们；即使有铠甲和兵器，也没有地方放置它们。让百姓重回结绳记事的时代，就是最好的统治了。百姓吃得香甜，穿得漂亮，住得舒适，过得快乐，邻国之间，可以相望而见，可以互相听到鸡鸣狗吠之声，人民生活在当下安详富足的环境之中，无论是否互相往来，都对他们的生活没有丝毫影响。可见，老子主张国与国之间和睦友好、各得其所、各安其境，这反映了他对社会安宁平和的向往与追求，反映了他对大同世界的向往与追求，也反映了他的"大同理想"。

---

① 《老子》第八十章。

（二）《礼运》中的"大同理想"

孔子则直接提出了"大同"的社会理想，他说："大道之行也，天下为公，选贤与能，讲信修睦。故人不独亲其亲，不独子其子；使老有所终，壮有所用，幼有所长；鳏、寡、孤、独、废疾者，皆有所养；男有分，女有归。货恶其弃于地也，不必藏于己，力恶其不出于身也，不必为己。是故谋必而不兴，盗窃乱贼而不作，故外户而不闭。是谓大同。"① 在孔子所描绘的具体而美好的理想社会中，人人平等，亲密无间，人尽其才，物尽其用，老弱病残皆有所养，财物不私藏，也不必防偷防盗，不用关闭大门也能安心，社会安定祥和，个人与社会浑然一体。可见，孔子所描绘的理想社会正是"天下一家，人人和睦"的大同社会的理想特征，有着面向世界的宽广胸怀与眼界。康有为在其《大同书》中也通过类似的描述对未来的大同盛世进行了展望，并对青年毛泽东产生重要影响，以至于后者在1917年便提出"大同者，吾人之鹄"② 的观点。孙中山则明确地指出了中国传统文化中的大同世界与社会主义苏联的相似性。他说："在吾国数千年前，孔子有言曰：'大道之行也，天下为公。'如此，则人人不独亲其亲，人人不独子其子，是谓大同世界。大同世界即所谓'天下为公'。要使老者有所养、壮者有所营、幼者有所教。孔子之理想世界，真能实现，然后不见所欲，则民不争，甲兵亦可以不用矣。今日惟俄罗斯新创设之政府，颇与此相似。"③ 他还认为未来的共产主义"就是孔子所希望的大同世界"④。由此可见，中国传统文化中的"大同理想"与马克思主义的共产主义理想有一定程度的相似之处，这种相似性的存在使中国先进的知识分子更容易理解和接受马克思主义的共产主义理想，从而促进了其在中国的传播。

---

① 《礼记·礼运》。
② 《毛泽东早期文稿》（1912.6—1920.11），人民出版社1990年版，第89页。
③ 《孙中山全集》（第六卷），中华书局1985年版，第36页。
④ 同上书，第394页。

作为千百年来人们不断奋斗的目标，"大同理想"对促进社会的和平发展与进步具有积极意义。首先，"甘其食，美其服，安其君，乐其俗"，体现了大同理想对人的关怀。在大同理想的社会中，人的幸福是最终的目的，而不是达到其他目的的手段，这又体现了其以人为本的思想。其次，在孔子所描绘的大同社会里，每一个社会成员都不被社会所忽视、遗弃，老有所终，壮有所用，幼有所长；鳏、寡、孤、独、废疾者皆有所养；人们也不再受贫穷饥饿、苛捐杂税等的重压，生活稳定，衣食无忧，社会一片安定祥和。这也体现了大同理想对社会保障的基本构想。最后，大同理想还体现了对和平的向往和追求。老子的"小国寡民"、孔子的"各安其业"都透露出对和平生活的向往。这些无不体现了中华民族对美好生活与和谐社会的向往追求。不过，值得注意的是，这种传统的"大同理想"也体现了当时的人们对社会现实的不满，作为当时人们对社会现实不满的产物，它也脱离了当时社会现实，因此具有时代的局限性，也只能是一种建立在空想基础上的理想。

当前，在市场经济和多元文化价值观等的影响下，有不少人尤其是青年大学生丧失了正确的理想和信仰而陷入个人主义、享乐主义、拜金主义、自由主义等不良价值观的泥潭，使当前的思想政治教育在理想教育方面面临着巨大的挑战，而将传统文化中的这种大同理想和社会主义的终极目标——共产主义理想结合起来，对于我国当前的思想政治教育，无疑具有重要的意义。

六 忠勇报国

忠勇报国思想所包含的爱国主义精神是中华民族精神的重要组成部分，是民族凝聚力和向心力的源泉。先秦忠德观念，具有丰富的精神内涵。到了秦汉时期，由于君主专制政体的形成，"忠"作为一般道德原则等内涵逐步淡化，作为政治伦理原则即强调臣下对君主绝对服从，逐步成为主导思想。先秦忠德观念在历史上产生了重要影响，一方面产生了"君为臣纲"的封建专制理论；另一方面又成为志士仁人"以道抗君"的重要思想来源，成为中国人民报效国家的精神武器。批判地改造中国古代的忠德观念，形成忠于祖国、忠于人民、忠于职守的新道德观念，发扬勇敢进取、坚忍不拔的奋斗精神，对建设社会主义现代化强国具有重要的意义。

（一）忠德观念的内涵及演化

"忠"，从字形结构上分析，由"中"和"心"组成，就是将"心"放在正中，不偏不倚，不上不下，不左不右，不浅不深。《说文》曰："忠，敬也；从心，中声。"段玉裁注："尽心曰忠。"意思是说只要能尽己之心，与人为敬，就是忠。可见，忠是一个人心中情感的外化形式，是与他人相互关系中一种心理状态的体现。忠的这一文字意义和现代意义上的"衷心"是相同的。中国古代的文字大多是从音造字，所以，"忠"和"衷"也就被认为是从"中"而来的，二者都是指衣服包裹下的位于人体正中的心。古人认为心是思维的器官，所以，"忠"就是"衷心"。尽心、敬、中心、衷心便是"忠"的词源意义。"忠"字的词源意义融于社会生活，它所涵盖的内容及所体现的道德关系是非常丰富的。在中国传统文化的发展过程中，"忠"作为一种道德观念，经历了内容上由宽泛到单一，行为规范上由双向、多元化到单一、绝对化的转换。①

1. 先秦忠德观念主要含义

"忠"是规范一切人际关系的行为准则。其具体要求是诚而不欺、与人为善、先人后己、助人为乐等。如《增韵》训"忠"为"内尽其心而不欺"。孔子在回答子张问"行"时则说"言忠信，行笃敬"；在回答樊迟问"仁"时言"居处恭，执事敬，与人忠"；在回答子张问"政"时曰"居之无倦，行之以忠"；在问答子贡问

---

① 朱凤祥：《"忠"之历史文化内涵及现代诠释》，《商丘师范学院学报》2006 年第1 期。

"友"时说"忠告而善道之"。《孟子·滕文公上》则有"教人以善谓之忠"等。这些表述都是指人与人相处的基本原则,是待人接物的基本之道。"忠"应该是发自内心的,是内心情感的自然流露,正如《国语·晋语》中所说"忠自中"(韦昭注:自中出也)。凡是尽心、为他人的思想言行,皆可称之为"忠"。但若不是发自内心,而是屈服于武力或权势的恭敬顺从,就不能叫作"忠"。曾子一日"三省其身",其中之一是"为人谋而不忠乎"。"为人谋",即为他人谋划,帮助他人。同是"为人谋",有的是全心全意,有的是半心半意,有的却是虚情假意。曾子内心自省、反躬自问的做法,说明了"忠"是发自内心而又外化为语言行动的。所以"忠"是尽心与尽力、内心情感与外在行为的统一。

作为尽心尽力尽责的"忠",从其出现伊始就带有"公"、"私"之别的意义。先秦典籍中谈到"忠",不少地方都与"利公""利民"相联系,包括君与臣的言行,而不是专指臣事君的道德要求。如说:"公家之利,知无不为,忠也。"① "无私,忠也。"② "以私害公,非忠也。"③ "为人君者,中正而无私;为人臣者,忠信而不党"④。这些表述明确地提出了君与臣的各自职守,其主要精神重在公正无私、利民尽职。东汉马融《忠经》把这些认识概括为"忠者,中也,致公无私"。说明"忠"的具体价值取向是"致公无私"。"忠"规范公、私关系原则的这一积极含义,在中国一直延续下来,并为现代社会所承袭。

"忠"的这一含义在《左传》中有较多的表述。如《左传·昭公元年》记载,晋国大夫荀息说:"公家之利,知无不为,忠也。"在困难面前,能够先想到自己的国家;有利于国家的事情,知道了就义不容辞地去做,这就是"忠"。《左传·桓公六年》记载季梁的

---

① 《左传·僖公九年》。
② 《左传·成公九年》。
③ 《左传·文公六年》。
④ 《管子·五辅》。

话说："所谓道，忠于民而信于神，上思利民，忠也。" 这是要求统治者为民谋利，造福于民。《管子·幼官图》说："躬行仁义，极忠用信，则王。" 把忠信作为为政之德。可见，"忠" 也是君主诸侯应具备的德行。《左传·襄公九年》载："君明臣忠。" 即 "君明" 是 "臣忠" 的前提、条件，如果君不明，那么臣就不必忠了。这种相对的有条件的要求，后来的孔子也作了概括："君使臣以礼，臣事君以忠。"① 这是春秋时期的观念，同战国以后 "忠" 观念的内涵有相当大的距离："以礼待君，忠顺而不懈"②，"专心于事上者为忠臣"，"所谓忠臣，不危其主。"③ 韩非片面强调 "忠" 是臣下对君主的绝对服从的道德义务，成为董仲舒 "君为臣纲" 的理论渊源，使忠德逐步成为维护专制制度的道德范畴。

《左传·桓公六年》载季梁说："所谓道，忠于民而信于神。上思利民，忠也；祝史正辞，信也。" 这是传世文献中最早的关于 "忠" 的解说。季梁提出了 "道" 的概念，这个概念不是哲学概念，而是政治概念。"道" 就是 "忠信"。"忠" 的对象是民，"信" 的对象是神，首先要 "忠于民"，然后才能 "信于神"。而所谓的 "忠" 就是要 "上思利民"，也就是在上位的君主必须想到 "利民"。"忠" 这一观念产生于春秋初期，它首先是规范君主的政治伦理原则，它要求君主 "忠于民"，具体表现就是要 "思利民"，这是由当时的国家形态、原始民主传统所决定的。春秋中期以后，"忠" 作为政治伦理原则，由要求君主 "忠于民" 演变为要求臣下忠于社稷和公家之事、忠于君主，但忠于君主是依附于忠于社稷和公家之事的，而且忠于君主是有条件的；另外，"忠" 演变为道德规范，要求君子也就是当时的贵族 "考中度衷"，为人谋尽心无隐。"礼崩乐坏" 的现实、新的君臣关系以及 "士" 阶层的迅速崛起决定了这一演变。战国时期，由于郡县制与君主专制政体的形成，新型君臣

① 《论语·八佾》。
② 《荀子·君道》。
③ 《韩非子·忠孝》。

关系的出现，"忠"作为一般道德原则，虽然在孟子等诸子的学说中仍然得到弘扬和发展，但作为政治伦理原则，强调臣下对君主绝对服从逐步成为主导思想，这在实际政治领域和一些思想家如墨子、荀子、韩非子的学说中有着充分的反映。①

2. 先秦诸子对忠德的解释

在先秦诸子中忠德观念具有丰富的思想内涵。在孔子看来，"忠"既是一种处理人际关系的行为准则、道德情感，又是一种"以道事君"的政治伦理；孟子强调君臣关系的相对性和忠臣的"正君"作用；荀子讲臣对君的感化，墨子讲规谏，但荀子受墨子"尚同"思想影响，给"忠"加进了"顺"的内涵；老庄强调个体意识，否定了"忠臣"的价值；韩非的忠德观，强调臣对君的绝对服从，但也有君对臣民爱护的合理因素。

孔子作为儒家学说的奠基人，对春秋时期的忠德观念，进行了系统的总结和发挥，不仅把它看作政治伦理，尤其赋予"忠"以普遍的道德情感、意识、规范等丰富的内涵。《论语》中生动地记载了孔子与弟子们对忠德的理解。曾子曰："吾日三省吾身；为人谋而不忠乎？与朋友交而不信乎？传不习乎？"②曾子以自省替别人办事有没有尽心竭力来释"忠"，是一种道德意识，而且是人际关系方面的道德观念。樊迟问仁，子曰："居处恭，执事敬，与人忠。虽之夷狄，不可弃也。"③可见孔子把"忠"和"恭""敬"都看作"仁"德的重要因素，这里的"忠"具有为人诚恳信实之义。子曰："爱之，能勿劳乎？忠焉，能勿诲乎？"④这里把"忠"与"爱"联系在一起，说明"忠"也是一种道德情感，有"爱"才会有"忠"，而不仅仅是外在规范。子曰："君子不重，则不威；学则不

---

① 曲德来：《"忠"观念先秦演变考》，《社会科学辑刊》2005 年第 3 期。
② 《论语·学而》。
③ 《论语·子路》。
④ 《论语·宪问》。

固。主忠信。无友不如己者。过，则勿惮改。"① 孔子讲君子不严肃、不自重，就没有权威，所学的东西也不能巩固，而要真正有权威，就应该以忠诚信实为主。季康子问："使民敬，忠以劝，如之何？"子曰："临子以庄，则敬；孝慈，则忠；举善而教不能，则劝。"② 孔子讲孝顺父母，慈爱幼小，老百姓就会忠诚。"孝慈则忠"是先秦儒家重要的政治伦理原则，是孟子"仁政"思想的渊源。子张问政，子曰："居之无倦，行之以忠。"③ 孔子认为在职位上不知疲倦，忠诚地执行政务，就是为政之道。孔子也把"忠"看作是规范臣对君关系的政治伦理。子路问如何事奉国君，孔子说，不要欺骗他，但可以冒犯他。孔子说："所谓大臣者，以道事君，不可则止。"④ 孔子认为臣是应该"事君"的，即应该为君服务；但臣为君服务，应遵守一定的原则，即所谓"以道事君"，不应该绝对服从，在必要的时候应能犯颜直谏。如果君不肯接受正确的意见，臣就应该引退，即所谓"用之则行，舍之则藏"⑤，"君使臣以礼，臣事君以忠"。⑥ 在孔子看来，"忠"是臣事君的重要道德原则和规范，但要以"以道事君"和"君使臣以礼"为前提。《论语》中"忠"的道德观念具有很大的包容性、主体性和原则性。"忠"既是处理人际关系的行为准则，又是仁德的重要因素和道德情感；既是树立权威、身体力行的为政之道，又是"以道事君"的政治伦理；既体现了强烈的社会责任感，又保持了刚正不阿的独立人格。

孟子曰："分人以财谓之惠，教人以善谓之忠，为天下得人谓之仁。"⑦ 孟子从道德教化的角度拓展了"忠"的内涵，符合古典儒家的基本精神。《离娄下》中他也说："有人于此，其待我以横逆，

---

① 《论语·学而》。
② 《论语·为政》。
③ 《论语·颜渊》。
④ 《论语·八佾》。
⑤ 《论语·述而》。
⑥ 《论语·八佾》。
⑦ 《孟子·滕文公上》。

则君子必自反也；我必不仁也，必无孔也，此物奚宜至哉？其自反而仁矣，自反而有礼矣，其横逆由是也，君子必反也，我必不忠。自反而忠矣，其横逆由是也，君子曰：‘此亦妄人也已矣，如此则与禽兽奚择哉？于禽兽又何难焉？’”由此可见，孟子对于“忠”的内涵的理解完全接受了孔子的看法，他仍然把“忠”作为道德律令，要求人们完成内向的自我完善，产生对他人对社会的责任感，实施合于“礼”的行为。对“忠”观念道德内涵的坚持，反映了早期儒家的原始民主意识和以“道”自任的历史使命感和社会责任感，这是儒家在先秦诸子中的鲜明特色。孟子对梁惠王说：“地方百里可以王。王若施仁政于民，省刑罚，薄税敛，深耕易耨，壮者以暇日，修其孝悌忠信，人以事其父母，出以事其长上，可使制挺挞秦、楚之坚甲利兵矣。”① 孟子把“修其孝悌忠信”作为施仁政的重要内容，但前提是“省刑罚，薄税敛”，发展农业，与民休养生息，这样就可以争取民心，以弱胜强。从孟子思想的总体看，“仁义”是其核心范畴，而“施仁政”首先是针对君主而言的；“忠”作为一种政治伦理，从属于“仁义”这个最高政治原则，这与孟子的民本思想有直接关系。孟子曰：“民为贵，社稷次之，君为轻。是故得乎丘民而为天子，得乎天子为诸侯，得乎诸侯为大夫，诸侯危社稷，则变置。”② “民贵君轻”思想源于春秋初期的“忠于民”“上思利民”和孔子的重民思想。

　　荀子虽然没有孟子这样强调君臣关系相对性的思想，但也认为臣应有感化君的作用。他说：“有大忠者，有次忠者，有下忠者，有国贼者。以德覆君而化之，大忠也；以德调君而补之，次忠也；以是谏非而怒之，下忠也；不恤君之荣辱，不恤国之臧否，偷合苟容，以之持禄养交而已耳，国贼也。”③ 有高尚的道德使君受其感化，这是大忠，荀子举“周公之于成王”为例。事实上，这在封建

---

　　① 《孟子·梁惠王上》。
　　② 《孟子·尽心下》。
　　③ 《荀子·臣道》。

时代是非常罕见的。以德行感动君主使其接受意见是次忠；能犯颜直谏是下忠。至于一味服从就是国贼了。荀子又说："无君以制臣，无上以制下，天下害生纵欲。"① 因此他强调臣下对君主要"忠""顺"，"以礼待君，忠顺而不懈"。②

墨子认为君臣之间的道德是惠与忠，"君臣相爱，则惠忠"③。君对臣应惠，臣对君应忠。墨家主张"尚同"："上之所是必皆是之，所非必皆非之；上有过则规谏之，下有善则傍荐之。"④ 这里虽说"上之所是必皆是之，所非必皆非之"，但又说"上有过则规谏之"。《墨子》一书中，"忠臣"一词出现六次，《鲁问》篇中，记录了墨子与鲁阳公对"忠臣"的详细讨论。墨子说："上有过则微之以谏，己有善则归之于上，而无敢以告。外匡其邪，而入其善，尚同而无下比。是以美善在上而怨仇在下，安乐在上而忧戚在臣。此翟所谓忠臣者也。"墨子对"忠臣"的看法，是基于君权至上的"尚同"思想：一方面肯定下对上的服从，另一方面也承认下谏上的必要。墨家也不是主张绝对服从。⑤ 但墨子的"尚同"思想影响了荀子，而荀子给"忠"加进了顺的内涵，使忠的观念向片面强调臣对君的服从义务方面演化，这一点也是不容忽视的。

道家不看重君臣关系，认为仁义、孝慈、忠臣等道德规范是大道丧失、社会关系混乱的产物。"大道废，有仁义。智慧出，有大伪。六亲不和，有孝慈。国家昏乱，有忠臣。"⑥ 这就是说，大道之世，无为自然，六亲和合，国家安治，在这种情况下，人无邪恶，社会也就不需要道德规范来制约人们的行为，因而也就不知道仁义、孝慈、忠臣为何物。而一旦废弃了"无为"之道，社会关系发生混乱，各种邪恶行为发生，这时，就有圣者、智者出来制定并提

---

① 《荀子·富国》。
② 《荀子·君道》。
③ 《墨子·兼爱中》。
④ 《墨子·尚同上》。
⑤ 张岱年：《中国伦理思想史》，上海人民出版社 1989 年版，第 143—145 页。
⑥ 《老子》第十八章。

倡各种道德规范作为人们行为的准则，于是就有了仁义、孝慈、忠臣之名。正如王弼所注："甚美之名生于大恶……若六亲自和，国家自治，则孝慈、忠臣不知其所在矣。鱼相忘于江湖之道，则相濡之德生也。"① 苏轼也说："六亲自和，孰非孝慈？国家方治，孰非忠臣？尧非不孝也，而独称舜，无瞽叟也。伊尹、周公非不忠也，而独称龙逢、比干，无桀纣也。"② 这就是说，道德规范和道德之名的产生，正是社会风尚衰败的表现。老子的这一看法，具有一定的历史感，是春秋以来礼崩乐坏、西周宗法等级体系日益解体的产物。

庄子更是以嘲笑的方式否定了"忠臣"。庄子说："介子推，至忠也，自割其股以食文公，文公后背之，子推怒而去，抱木而燔死……世之所谓忠臣者，莫若比干、伍子胥，子胥沉江，比干剖心。此二子者，世谓忠臣也，然卒为天下笑。自上观之，至于子胥、比干，皆不足贵也。"在庄子看来，这些"忠臣"所以不足贵，是因为"天与地无穷，人死者有时，操有时之具而托于无穷之间，忽然无异骐骥之驰过隙也。不能说志意，养其寿命者，皆非通道者也。"③

韩非是荀子的学生，在君臣关系问题上，他继承并对老师的思想作了极端的发挥。韩非强调人性本恶，以此作为观察社会问题的出发点，认为人都是趋利避害的，因此他对专制政体下的君臣关系有着清醒的认识。他说"故君臣异心。君以计畜臣，臣以计事君，君臣之交，计也。害身而利国，臣弗为也；害国而利臣，君不行也。臣之情，害身无利；君之情，害国无亲。君臣也者，以计合者也。"④ 既然如此，君主何以驾驭臣下呢？韩非为人主设想了刑与罚这"两柄"。他认为，只要人主信赏必罚，人臣就会"临难必死，

① 王弼：《道德经注》，中华书局 2008 年版，第 13 页。
② 苏辙：《道德真经注》，华东师范大学出版社 2010 年版，第 7 页。
③ 《庄子·盗跖》。
④ 《韩非子·饰邪》。

尽智竭力"。从这一根本立场出发，韩非认为"专心于事上者为忠臣"，"所谓忠臣，不危其主"。① 韩非强调臣下对君主的绝对服从，而不问君主是明是暗，是善是恶，是惠是暴，因此他对儒家所称赞的商汤、周武都持批判态度。他说"尧为人君而君其臣，舜为人臣而臣其君，汤、武为人臣而弑其主，刑其尸，而天下誉之，此天下所以至今不治也。"② 在韩非那里，即使昏暴如纣、桀，臣下也应绝对忠，绝对顺，任他们为所欲为。在政治问题上，韩非只讲"势"，只讲"位"，不论是非，他是一个君权至上主义者。而韩非的"三顺"之说，为汉代董仲舒的"三纲"说提供了理论基础。韩非还认为："忠所以爱其下也，信所以不欺其民也。"③ 说明他的忠德观中，仍然保留有君对臣民的爱护的合理因素，这是值得肯定的。

（二）勇德观念的内涵及演化

"勇"，即无畏无惧，是属于道德意志方面的品格。它要求人们面对艰难、困苦、胁迫、压力而不胆怯、不退缩、不回避、不气馁。勇往直前、自强不息是中华民族精神的重要体现，勇敢也成为中国人的传统美德，受到中国古代思想家的重视，被儒家列为"三达德"（智、仁、勇）之一。

1. 勇德的含义

"勇"作为个人道德范畴和社会道德范畴，在先秦典籍中具有勇气、勇敢、坚毅、果断的意义。

《左传·庄公十年》："夫战，勇气也。"《墨子》："君子战，虽有阵而勇为本焉。"《说文·系传通论》解释："勇者，气也。气之所至，力亦至焉。"这就是说"勇"是勇气。

《墨子·经上》："勇，志之所以敢也。"《国语·周语》："以义死用谓之勇。"《释名》："勇，踊也，遇敌踊跃，欲击之也。"这就是说"勇"是勇敢、坚毅。

---

① 《韩非子·忠孝》。
② 同上。
③ 《韩非子·难一》。

《韩非·解老》:"不疑之谓勇。"《国语·晋语》:"勇,能断决也。"《礼记·礼运》:"勇谓果断、决断。"这是说,勇是果断。①

从远古流传下来的神话中,可以看出"勇敢"精神在古代社会尤其受人们推崇。中国古代有"夸父追日""精卫填海"的神话。《外记》曰:"共工氏与祝融氏战,不胜而怒,乃头触不周山崩,使天柱折,地维缺。女娲氏乃炼五色石补天。"《五帝记》记载:"尧时,十日并出焦禾杀稼,又有大风、猰貐、封豨、修蛇,皆为民害。尧乃使弈,缴大风于青丘之泽,上射十日,下杀猰貐,断修蛇于洞庭,擒封豨于桑林。万民欣悦,莫不向服。"②

原始社会的道德规范勇敢,主要指狩猎和作战中不畏猛兽强敌的精神,而且主要表现为超人的气力,如中国神话中的羿和希腊神话中的赫拉克勒斯都是如此。勇敢这一道德规范在原始人的生产和社会生活中有着很大的积极作用,所以非常受重视。正如拉法格在《思想起源论》中说的力量和勇敢是处于经常不断的彼此斗争和同自然作斗争的原始人的首先和最必需的美德。在阶级社会就不同了,如果劳动人民继续把勇敢作为美德,就可能利用这种精神去反对统治阶级的剥削和压迫,干出犯上作乱事情。所以在统治阶级看来,勇敢具有消极作用,甚至包含着很大的危险性,必须加以限制和改造,孔子正是根据统治阶级的需要,既保留了这一规范,又作了巧妙的限制和改造。《论语》中有十六处讲到"勇",正面肯定的有四处,如"见义不为,无勇也。""知者不惑,仁者不忧,勇者不惧。"有保留或批评之意的,共十二处,如"……勇而无礼则乱。""有德者必有言,有言者不必有德。仁者必有勇,勇者不必有仁。""……好勇不好学,其蔽也乱。""君子义以为上,君子有勇而无义为乱,小人有勇而无义为盗。"从第一类论述中看出,孔子对"勇"的含义规定不同于原始社会的勇敢。他把这个道德规范从生产领域

---

① 陈川雄:《中华伦理读本》,陕西人民出版社 2002 年版,第 78—79 页。
② 《淮南子·本经训》。

引入社会生活领域，由物质气力的表现方式变为精神信念的表现方式，由面向改造自然转为面向人与人的关系。勇敢已不再是狩猎和战争中敢冲敢拼的勇猛劲头，而成为勇于按统治阶级规定的礼仪制度行事的坚定信念。勇，就是见义勇为，合乎礼仪的就敢于坚持去做，违反礼仪的就敢于去制止。孔子之所以保留这一规范，是因为统治者不仅在争夺土地财富的战争中需要士兵的勇敢精神，而且在捍卫他们的礼仪制度方面也需要本阶级成员具有无所畏惧的品质。可是孔子也深为这一道德规范所产生的消极作用而担心，第二类所引的话，就表现了他的忧虑。小人有了勇敢的品质，就会不畏天命，不畏大人，不畏圣人之言，敢于反抗剥削压迫，起来造反。统治阶级中的下层有了勇敢的精神，就会犯上，出现子杀父、臣弑君、诸侯凌辱天子这样的混乱局面。所以孔子再三强调用"礼""义"来限制"勇"，把"礼""义"置于"勇"之上，作为"勇"必须遵循的前提和界限。[①] 在"知""仁""勇"三达德之中，"勇"也是放在最后，这也表明在阶级社会中"勇敢"作为一种道德规范的地位在下降。

2. 先秦诸子对勇德的解释

虽然孔子对"勇"德进行了改造，并且用"礼""义"来限制"勇"，但是由于在春秋时期"士"这个社会阶层崛起，为了社会变革和维护统治阶级整体利益的需要，先秦诸子仍然重视勇德并进行了必要的阐发。

孔子把勇看成是人格完备的条件之一。在《论语·宪问》中，孔子认为，若具有臧武仲的智慧、孟公绰的寡欲、卞庄子的勇敢、冉求的才艺，再加上礼仪的熏陶，就可以是一个人格完备的人了。孙子兵法也把勇作为将者的必备才能。如《孙子·计篇》："将者，知、信、仁、勇、严也。""勇"与仁是相互统一的。行仁择义而

---

① 王磊：《在思想的花园里散步——先秦伦理文化探寻》，陕西人民出版社 2008 年版，第 77—79 页。

为，是一个大智大勇的将领所必须具备的品质。“勇”是人的一种志向，是人的一种肩挑大义的气概。① 《左传·隐公元年》说：“多行不义必自毙。”孔子强调：“三军可夺帅也，匹夫不可以夺志也。”② 又说“见义不为，无勇也。”③ 孟子说：“生，亦我所欲也，义，亦我所欲也；二者不可得兼，舍生而取义者也。”④ 意思是说，如果让他在“生”与“义”之间进行选择，他宁愿选择“义”而舍弃生命。荀子也说“先义而后利者荣，先利而后义者辱”。⑤ 《墨子·经说上》说“义、志以天下为芬。”荀子要求人们行事要合乎正义，墨子则要求人们把天下事视为自己的分内之事。见义勇为，勇于担当，积极维护社会公平、正义，不惜牺牲自己的生命。这种舍生取义、视死如归的精神，就是一种“勇”的精神，是中华民族自强不息、生生不已的力量源泉，是我们民族极其宝贵的精神财富。

《左传》曰：“齐侯伐鲁，战于长勺，庄公将战，鼓之。曹刿曰：‘未可。’齐人三鼓，刿曰：‘可矣’。既克，公问其故，对曰：‘夫战，勇气也。一鼓作气，再而衰，三而竭，彼竭我盈，故克之。’”《左传》又说：“知死不辟，勇也。”人的生命只有一次，连生命也敢抛弃的人，还有什么能征服他呢？故与勇相连的勇力、勇士、勇夫、勇武、勇悍、勇猛等词，都包含对勇者的褒赏之意。《韩诗外传》载：孔子游于景山之上，子路、子贡、颜渊从。孔子曰：“君子登高必赋，小子愿言者何？丘将启汝。”子路曰：“由愿奋长戟，荡三军，乳虎在后，仇敌在前，蠡跃蛟奋，进救两国之患。”孔子曰：“勇士哉。”《庄子》载：孔子游于匡。子路入见，孔子曰：“夫水行不避蛟龙者，渔夫之勇也；陆行不避凶虎者，猎

---

① 荆惠民：《中国人的美德——仁义礼智信》，中国人民大学出版社 2006 年版，第 257—264 页。

② 《孟子·离娄下》。

③ 《论语·为政》。

④ 《孟子·告子上》。

⑤ 《荀子·荣辱》。

夫之勇也；白刃交于前，视死若生者，烈士勇也；知穷之有命，知通之有时，临大难而不惧者，圣人之勇也。由处矣，吾命有所制矣。"可见孔子虽赞赏"勇敢"精神，但把"勇"分为渔夫之勇、猎夫之勇、烈士之勇和圣人之勇，而他所极为推崇的是圣人之勇。圣人有一种使命感，才会有"知其不可而为之"的奋斗精神，有"岁寒知松柏之后凋"的坚毅，有"士不可以不弘毅，任重而道远"的豪迈，有"发愤忘食，乐以忘忧，不知老之将至"的洒脱，这难道不是圣人的气概吗？

　　孟子也把"勇"分为"大勇""小勇""匹夫之勇"。所谓"小勇"和"匹夫之勇"，是指"抚剑疾视，曰：'彼恶敢当我哉？'"①就是手里按着宝剑怒视着对手，说："他怎么敢抵挡我！"而"大勇"和周文王、周武王之勇，就是"一怒而安天下之民"。民众需要的是这种勇，而不是简单的"好勇斗狠"。孟子还引用曾子的话说，所谓的"大勇"就是"自反而不缩，虽褐宽博，吾不惴焉；自反而缩，虽千万人，吾往矣！"②也就是说，反躬自问：正义不在我，对方纵是卑贱的人，我也不去恐吓他；反躬自问，正义确在我，对方纵是千军万马，我也勇往直前。而据说这是孔子的意思。我们知道，孟子一向好"案往造旧说"，为了证明自己的见解，而编造历史根据，因此以上说法是否真是孔子、曾子所说，尚不得而知。但是它至少反映了孟子本人的看法，即勇必须在符合仁义的大前提之下才是善的。③据《论语·泰伯》载曾子曰："可以托六尺之孤，可以寄百里之命，临大节而不可夺也；君子人与？君子人也。"孔子说："志士仁人，无求生以害仁，有杀身以成仁。"④可见孟子对"勇"的诠释与孔子、曾子的见解也是一脉相承的。

　　荀子也是用道义论来解释勇德。"君子之求利也略，其远害也

---

① 《孟子·梁惠王下》。
② 《孟子·公孙丑上》。
③ 陈瑛：《中国伦理思想史》，湖南教育出版社2004年版，第132—133页。
④ 《论语·卫灵公》。

早，其避辱也惧，其行道理也勇。"① "有狗彘之勇者，有贾盗之勇者，有小人之勇者，有士君子之勇者；争饮食，无廉耻，不知是非，不辟死伤，不畏众强，悍悍然唯利饮食之见，是狗彘之勇也。为事利，争货财，无辞让，果敢而振，猛贪而戾，悍悍然唯利之见，是贾盗之勇也。轻死而暴，是小人之勇也。义之所在，不倾于权，不顾其利，举国而与之不为改视，重死持义而不桡，是士君子之勇也。"② 这里的"勇"与"振"（可作妄动解）之分，归根结底，也是以对待"义"和"利"的度作为主要标准的。被荀子谴责为"狗彘之勇""贾盗之勇"和"小人之勇"首先是因为这种"勇敢"，是"唯利之见""不知是非""轻死而暴"的不义行为。相反，荀子赞许的所谓"士君子之勇"，正在于它是"义之所在"，而且"不倾于权""不顾其利""重死持义"。

墨家主张兼爱、非攻，反对"强之劫弱，众之暴寡，诈之谋愚，贵之傲贱"，主张"兴天下之利，除天下之害"③。反对以强凌弱的兼并战争，支持防御性的正义之战。《墨子》曰："君子战，虽有阵，而勇为本焉。"《墨子·公输》载："公输般九设攻城之机变，墨子九距之；公输般之攻械尽，子墨子之守圉有余。公输般诎，而曰：'吾知所以距子矣，吾不言。'子墨子亦曰：'吾知子之所以距我，吾不言。'楚王问其故，子墨子曰：'供述子之意，不过欲杀臣。杀臣，宋莫能守，可攻也。然臣之弟子禽滑厘等三百人，已持策划臣守圉之器，在宋城上待楚寇矣。虽杀臣，不能绝也。'楚王曰：'善哉！吾请无攻宋矣。'"墨子不畏强暴，扶弱就宋的故事生动体现了他的智慧和勇敢。《淮南子·泰族训》载："墨子服役者百八十人，皆可使赴火蹈刃，死不还踵，化之所致也。"墨家为天下兴文化，甚至对农民起义也产生了重大影响。

商鞅说："民勇，则赏之以其所欲。民怯，则杀之以其所恶。

---

① 《荀子·修身》。
② 《荀子·荣辱》。
③ 《墨子·兼爱下》。

故怯民使之以刑，则勇。勇民使之以赏，则死。怯民勇，勇民死，国无敌者，必王。"① 商鞅认为人性的根本特点是"自为"，趋利，厚赏重罚、严刑峻法就可以使"怯民勇、勇民死"，从而无敌于天下。韩非说："故明主之国，无书简之文，以法为教；无先王之语，以吏为师；无私剑之悍，以斩首为勇。是境内之民，其言谈者必轨于法，动作者归之于功，为勇者尽之于军。"② 韩非子强调"以法为教""以吏为师"，排斥文化和道德传统，实行其现时的功利性的法制教育，教育的理想结果是：人人所谈论是如何守法，人人做事都想着利益，好武之人都想着上战场杀敌立功。韩非"以斩首为勇""为勇者尽之于军"的思想，把"勇"局限在军事领域，这正好适应了战国时期兼并战争的需要，但却没有把"勇"看作是一种普遍的道德品质。他甚至认为应"去智而有明，去贤而有功，去勇而有强"③。韩非看重的是法、术、势，否定了"智"，否定了"贤"，也否定了"勇"。韩非的思想被称为"帝王之术"，是为建立高度集权的王权及法律秩序服务的，他大概以为大臣和士人的"智""贤""勇"这些个性品质，会威胁到极权主义和法制的严肃性，因此得出了否定勇德的错误结论。

道家的创始人老子，是人类文明的批判者，与儒家和法家等有为政治观不同，他倡导一种自然主义哲学，对"勇"这个道德规范也持保留态度。老子说："勇于敢则杀，勇于不敢则活。"因为"天之道，不争而善胜；不言而善应；不召而自来；坦然而善谋"④。秋冬不争，万物自然凋零而收藏；春夏不言，自然冰消雪融，万物生长。"道法自然"，人类应该从自然运行的规律中学会不争、退让、放弃"勇敢"。老子又说："我有三宝，得而持之：一曰慈，二曰俭，三曰不敢为天下先。夫慈，故能勇；俭，故能广；不敢为天下

---

① 《商君书·说民》。
② 《韩非子·五蠹》。
③ 《韩非子·主道》。
④ 《老子·第七十三章》。

先，故能成器长。""今舍其慈且勇，舍其俭且广，舍后且先，死矣！夫慈，以战则胜，以守则固。天将救之，以慈卫之。"看来老子并不是从一般意义上否定"勇"，认为"夫慈，故能勇"，天地万物皆在道的慈爱中生长，有慈爱，就会有勇。而"舍其慈且勇"就是违背道的本性，必然自取死亡。放弃暴政，慈爱百姓，统治才能长久。老子的"不争"是一种政治伦理，也是一种人生艺术和境界，是一种人生策略，用"不争"来达到"天下莫能与之争"的目的。

《庄子·秋水》虽然借孔子之口，将勇分为渔夫之勇、猎夫之勇、烈士之勇和圣人之勇，然而就庄子总的思想倾向来看在于建立个人本位主义价值观、强调个体精神自由和人格独立，因此，对勇德的社会价值持怀疑和否定态度。《庄子·至乐》曰："烈士为天见善矣，未足以活身。吾未知善之诚善邪，诚不善邪？若以为善矣，不足活身，以为不善矣，足以活人。故曰：'忠谏不听，蹲循勿争。'故夫子胥争之以残其形，不争，名亦不成。诚有善无有哉？"庄子从珍惜个体生命的角度对"烈士"和"忠谏"之臣表示怀疑，甚至认为"伯夷死名于首阳之下，盗跖死利于东陵之上。二人者，所死不同，其残生伤性均也"。庄子把圣人与强盗的区别都抹杀了，忠勇等道德的价值也就不复存在了。

第三章 高校思想政治教育现状及问题探析

当前，我国高校思想政治教育工作取得了显著的成就，特别是中共中央国务院出台的《关于进一步加强和改进大学生思想政治教育的意见》，对加强和改进思想政治理论课的指导思想、学科建设、课程体系、队伍建设等问题做出了明确指导和具体规划，全国各高校认真贯彻党中央、国务院精神，高度重视并积极开展思想政治教育，大学生思想政治教育呈现良好的发展态势。由于对中央精神的贯彻实施是一个长期的过程，在这个过程中成绩与薄弱环节并存的局面难以避免。

一 高校思想政治教育体系现状

（一）高校思想政治教育体系的界定

什么是高校思想政治教育体系？高校思想政治教育体系是一个宽泛的概念，从广义上讲，凡是和高校思想政治教育有紧密关系的都可以纳入该体系，诸如制度建设、学科体系、理论体系、课程体系、工作体系、内容体系、队伍建设、评价体系，等等。从狭义上讲，侧重不同的研究角度，对高校思想政治教育体系的构成又有不同的理解。比如，有学者从思想政治教育的学科体系和理论体系两个层面来论述，认为思想政治教育的学科体系是指思想政治教育由理论学科、应用学科和方法论学科等一系列子学科构成。思想政治教育的理论体系是指思想政治教育学科的基础理论的内部构成，由一系列概念、范畴、术语和规律，按一定的逻辑关系联结而成。① 有学者认为思想政治教育体系由内容体系、实施体系、教育工作者体系、考核评价体系和运行保障体系五个部分构成。② 也有学者把思想政治教育体系分解为五大教育体系，即主题教育、素质教育、生活教育、实践教育和典型教育体系。③ 有学者认为思想政治教育体系是由学科体系、课程体系、载体体系、组织体系、制度体系、服务体系、环境体系构成。④ 有学者认为主要由保障机制（前提）、良好环境（保证）、活动载体（途径）等方面构建高效率的大学生思想政治教育体系。⑤ 还有学者认为思想政治教育体系包括指导思想、目标、内容、方法和途径、队伍建设、教育管理、教育评价等构成部分。⑥ 可见，从不同的研究点切入对于思想政治教育体系的构成有不同的界定，本书无意探求何种界定更为准确、更为完整，实际上这些界定并无本质上的差异，都离不开对"共性"的遵守，那就是思想政治教育自身系统的结构。

张耀灿认为，研究思想政治教育，尤其需要研究思想政治教育的系统整体，分析思想政治教育结构，以便从整体上认识、把握和改进思想政治教育。思想政治教育系统由于研究的角度不同，结构分析的重点也不同。从思想政治教育的基本构成看，思想政治教育包括主体、客体、介体、环体等基本要素；从思想政治教育的目标来看，需要研究思想政治教育的目标结构；从思想政治教育的内容

---

① 苏振芳：《思想政治教育的学科体系和理论体系研究》，《思想教育研究》2006年第7期。
② 张体勤：《构建大学生思想政治教育体系的探索和实践》，山东人民出版社2008年版，第35页。
③ 王凤琴、李秀梅：《创新大学生思想政治教育体系的实践与探索》，《思想政治教育研究》2007年第3期。
④ 曹大文：《论大学生思想政治教育体系的建设》，《安徽工业大学学报》（社会科学版）2007年第3期。
⑤ 张振平、朱颖：《高校思想政治教育体系初探》，《思想教育研究》2005年第6期。
⑥ 汤振林：《学校思想政治教育体系的构建》，《学校党建与思想教育》2010年第7期。

来看，需要研究思想政治教育的内容结构。分析思想政治教育的系统结构，不仅要分析思想政治教育的基本要素结构，而且还要分析思想政治教育的目标结构与内容结构，并把握三者之间内在的关系。[①] 本书所探讨的思想政治教育体系也正是以思想政治教育自身的系统结构为出发点，对基本要素结构、目标结构、内容结构三个构成部分进行整体性、系统性的把握。这样的思想政治教育体系包含了基本要素结构、目标结构和内容结构的构成要素，并具体表现为教育目的、教育主体、教育客体、教育内容、教育方法、教育评价、教育环境各要素的"七位一体"的构成方式，这些构成要素按照一定的规律内在、紧密地联系着，并相互渗透、相互影响。本书在后面的论述都将遵循"七位一体"的思想政治教育体系构成方式。

我国高校的思想政治教育以马克思主义为指导，高校思想政治教育体系的构成和要求在不同历史阶段也历经了不同的变化。

从中国共产党成立到新中国成立前近30年期间，高校思想政治教育体系构成及主要特点是：在教育内容方面，以马克思主义为主要内容，学习马克思主义成为党对高校学生进行思想政治教育的主要内容；在教育手段方面，侧重革命实践与工农结合的方式，学生在革命实践中接受锻炼，提高思想觉悟。

在社会主义初步探索时期（1949—1978年），高校思想政治教育体系在教育目标方面，1949年第一次全国教育工作会议和第一届全国高等教育会议上，强调高校教育目标是"培养具有高度文化水平，掌握现代科学技术的成就，全心全意为人民服务的高级建设人才"。在教育内容方面，以马克思主义世界观、人生观进行理论教育，实行爱国教育和阶级观教育相结合的共产主义道德教育。在教育手段方面，采取课堂教育与课外活动相结合的模式，但在这期间由于政治运动在思想政治教育中处于主要地位，在一定程度上阻碍

---

① 张耀灿：《现代思想政治教育学》，人民出版社2006年版，第235页。

了思想政治教育良性发展。

在全面开展社会主义建设时期（1979—1991 年），随着改革开放的进一步深入，思想政治教育也得到了进一步的加强和改进。1987 年 5 月中共中央颁布的《关于改进和加强高等学校思想政治工作的决定》指出，高校应坚持社会主义办学方向，改进大学生思想政治教育的内容、形式和方法，提高大学生思想政治教育的水平。在教育内容方面，1991 年国家教育委员会号召高校深入师生做思想工作，强调高校思想政治教育要改进马克思主义理论教育，进行爱国主义和革命传统教育，丰富和发展了思想政治教育内容。在教育方法方面，重视学生的自我作用，加强学生的自我管理、自我教育、自我约束。①

在深入发展阶段（1992 年以来），高校思想政治教育体系的构成及主要特点如下所述。在教育目标方面，1993 年 2 月中共中央、国务院发布的《中国教育改革和发展纲要》指出，学校德育即思想政治和品德教育的根本任务是培养有理想、有道德、有文化、有纪律的社会主义新人，明确了大学生思想政治教育培养"四有新人"的重大使命。在教育内容方面，指出要以马列主义、毛泽东思想和建设有中国特色的社会主义理论教育学生，把坚定正确的政治方向摆在首位。2004 年 8 月中共中央、国务院颁布《关于进一步加强和改进大学生思想政治教育的意见》，进一步明确了新形势下大学生思想政治教育的指导思想、基本内容、主要途径和任务，也指出了高校思想政治教育体系的创新和发展的方向。

（二）高校思想政治教育现状

大学生思想政治素质如何，直接关系到国家的前途和命运。党和国家高度重视大学生思想政治教育，出台了一系列加强和改进大学生思想政治教育的制度和文件。各地各高校认真贯彻党中央、国务院精神，积极提出新思路、落实新举措、开创新局面，历经数年

---

① 刘沧山：《中外高校思想教育研究》，人民出版社 2008 年版，第 208 页。

发展，大学生思想政治教育出现了前所未有的大好形势，保持着积极向上的良好发展态势，高校思想政治教育体系构成部分也日趋完善合理。

1. 教育目标设置日益合理

高校思想政治教育目标是关于学生思想政治道德等方面的具体要求，是高校思想政治教育的起点和归宿。一切思想政治教育活动都是为了达到这个既定的思想政治教育目标而组织的，所有思想政治教育措施都从根本上服从和服务于这个目标，受此目标的指导。目标就是旗帜，目标就是方向，目标就是动力。

从思想政治教育目标的历史来看，新中国成立初期，就提出了党的教育方针和教育目的，即教育要使受教育者在德育、智育、体育等方面都得到发展，成为有社会主义觉悟的有文化的劳动者。后来在"文化大革命"时期，由于错误思想的指导，思想政治教育工作遭受严重破坏，教育目标也被严重扭曲，思想政治教育异化成了政治斗争的工具，让大学生参与阶级斗争并提高斗争能力成了思想政治教育的唯一目标。但是随着"纠左纠偏"工作的开展，高校思想政治教育也逐步走上正轨，以邓小平的"四有新人"培养目标的提出为标志，思想政治教育目标从根本上摆脱了"左倾"思想的影响。随后，"四有新人"培养目标的内涵得到了进一步的深化和发展。1999年，江泽民在全国教育工作会议上指出，"思想政治教育……以提高国民素质为根本宗旨，以培养学生的创新精神和实践能力为重点，努力造就有理想、有道德、有文化、有纪律的，德育、智育、体育、美育等全面发展的社会主义事业建设者和接班人"。2004年中共中央、国务院《关于进一步加强和改进大学生思想政治教育的意见》（以下简称《意见》）中指出，加强和改进大学生思想政治教育要以大学生全面发展为目标，深入进行素质教育，促进大学生思想道德素质、科学文化素质和健康素质协调发展，成为有理想、有道德、有文化、有纪律的社会主义新人，要积极引导大学生不断追求更高的目标，使他们中的先进分子树立共产主义的远大理想，确立马克思主义的坚定信念。2007 年，胡锦涛提出了"四个新一代"的目标要求，即希望广大青少年成为"理想远大、信念坚定的新一代，品德高尚、意志顽强的新一代，视野开阔、知识丰富的新一代，开拓进取、艰苦创业的新一代"。2013 年"五四青年节"之际，习近平在青年座谈会上指出，广大青年要坚定理想信念，练就过硬本领，勇于创新，矢志艰苦奋斗，锤炼高尚品格，不断提高与时代发展和事业要求相适应的素质和能力，保持积极的人生态度、良好的道德品质、健康的生活情趣，为实现中华民族伟大复兴的中国梦而奋斗。

可见，党和国家对大学生思想政治教育目标是重视的、明确的、一致的。促进大学生德、智、体、美等方面的全面发展始终是高校思想政治教育的基本目标和努力方向，并贯穿于整个高等教育发展的全过程。

2. 教育主体日益强大

教育主体是开展和落实思想政治教育的实施者，是加强和改进大学生思想政治教育的组织保证。高校大学生思想政治教育工作队伍主体是学校党政干部和共青团干部，思想政治理论课和哲学社会科学课教师、辅导员和班主任。学校党政干部和共青团干部负责学生思想政治教育的组织、协调、实施，思想政治理论课和哲学社会科学课教师根据学科和课程的内容、特点，负责对学生进行思想理论教育、思想品德教育和人文素质教育；辅导员、班主任是大学生思想政治教育的骨干力量，辅导员按照党委的部署有针对性地开展思想政治教育活动，班主任负有在思想、学习和生活等方面指导学生的职责。教育主体的素质如何直接影响思想政治教育开展的实效性。党中央、国务院高度重视大学生思想政治教育工作队伍的建设工作，并取得显著的成绩。主要表现在以下三个方面。

其一，形成了健全的规章制度。党中央、国务院制定下发了一系列的规章制度，以文件的形式对思想政治教育工作队伍的人员构成、工作职责、组织结构、运行条件等进行了规定，比如 2004 年

《意见》、2006 年《普通高等学校辅导员队伍建设规定》等。建立和形成了较为完善的思想政治教育工作队伍的人员选拔、学习培养、教育管理、工作运行、考核评估、薪酬待遇等配套机制，对思想政治教育工作队伍建设给予了肯定和加强。

其二，主体在数量和质量方面都有较大发展。近年来，思想政治教育工作队伍不论是在数量还是在质量方面皆得到较大的发展。从数量上看，以辅导员为例，我国高校辅导员队伍配备逐步到位，结构逐步优化。目前，我国在校大学生有 2000 多万，以 200：1 的生师比计算，辅导员从业人数应达 10 万人左右。从辅导员队伍构成看，男女比例相对合理，且呈现年轻化的趋势，其中 21 岁至 40 岁的占总人数的绝大部分。从学历构成看，至少是本科及以上学历，而且大多数高校在选拔辅导员时都明确要求学历是硕士及以上，因此不断有硕士甚至博士等高学历的人员充实到工作队伍中。此外，国内已有多所高校专门规划指标招收辅导员攻读博士学位，已有成员的素质和学历也在不断地提升。

其三，教育主体的职业素质和道德修养不断提高。各高校认真贯彻落实党中央、国务院和有关部门关于思想政治教育工作队伍建设的意见，培养了一批坚持以马克思主义为指导，理论功底扎实，勇于开拓创新，善于联系实际，老中青相结合的哲学社会科学学科带头人和教学骨干队伍，这支队伍爱岗敬业，教书育人，为人师表，以良好的思想政治素质和道德风范影响和教育学生。思想政治教育管理工作者以管理育人、服务育人为宗旨，爱岗敬业，以身作则，踏实肯干，认真贯彻落实关于思想政治教育工作的方针政策、目标原则、任务要求，做了大量的颇有成效的思想政治教育工作，充分发挥了思想政治教育的育人功能，使大学生思想政治教育工作取得了显著成绩。

3. 教育客体积极向上

在本书中，高校思想政治教育客体主要是指大学生。在大学生思想政治教育工作会议上，胡锦涛明确指出：大学生是宝贵的人才资源，是民族的希望，是祖国的未来，要求学校做好大学生成长成才的工作。当代大学生以"95后"为主体，他们感受着经济腾飞和信息发展带来的前所未有的条件，手机、电脑、品牌服饰、网络宽带、报纸杂志、电视广播，等等，尽管来自社会层面的议论认为大学生的素质和能力存在某些问题，但是当代大学生无论在学习、能力还是在思想、道德方面都是积极向上的，甚至在某些方面比以往的大学生要更好。主要表现在如下四个方面。

其一，有一定的政治鉴别能力，政治信仰坚定。大学生能够自觉维护中国共产党的领导，拥护党中央的重大决策，抵制西方所谓的"民主自由"以及各种破坏祖国安定统一的思潮和势力的渗透，在国家大事面前能明辨是非，维护国家利益。比如从2008年的奥运会大学生志愿者服务，到对奥运会圣火传递期间少数分裂分子的破坏行径的深刻认识，再到四川汶川抗震救灾时参加救灾的武警战士多为"90后"。当祖国需要的时候，中华优秀传统文化和爱国主义精神在这一代人身上得到积极体现。

其二，思想独立，个性突出。大学生个性独立，善于思考，自我选择性强，惯于通过自己亲身经历来接受前人的经验和结论，很少对某种价值观盲目认同。他们反感教条式的灌输和死板的教学模式，渴望通过争论或碰撞的形式，展示自己思想，形成新的观点。他们个性彰显，并渴望成功，不屈服命运安排，自信地认为自己拥有开创美好未来的能力。

其三，对新生事物学习、接受能力强。大学生能够很快地接受各种新事物，表现出较强的适应力，能熟练利用网络等现代科技手段，接受信息的渠道方式趋向多元化，对自己不懂的知识或懂得不多的知识进行学习和丰富，扩大了知识面，开阔了视野，因此大学生在知识量和信息量上的积累是相当大的，大学生的自我学习能力日益提高。

其四，社会适应能力日渐提高。因为现代网络技术发达，信息传播交流快速，大学生虽然身处象牙塔，但是和社会的联系非常密切，对社会的变化感知迅速，并且多数大学生在校期间已在社会上从事兼职工作，与社会有着广泛的接触，因此毕业后能够在很短时间融入社会，适应社会的发展。可见大学生综合素质和综合能力在不断加强、日益提高。

4. 教育内容日益完整

思想政治教育的内容，承载着教育者向受教育者传递的一切信息，因此在内容的设计上不仅要考虑社会发展的需求，也要考虑受教育者的思想实际情况。随着我国教育改革的深入进行，历经多年的实践探索和经验积累，我国大学生思想政治教育的内容也日趋丰富、完善。教育内容主要涵盖以下几个方面。

其一，用马克思列宁主义、毛泽东思想、邓小平理论和"三个代表"重要思想武装大学生，深入开展党的基本理论、基本路线、基本纲领教育，开展中国革命、建设的历史教育，开展基本国情和形势政策教育，开展科学发展观教育，使大学生正确认识社会发展规律，认识国家的前途命运，认识自己的社会责任，确立在中国共产党领导下走中国特色社会主义道路、实现中华民族伟大复兴的共同理想和坚定信念。

其二，以理想信念教育为核心，深入进行树立正确的世界观、人生观和价值观教育。引导大学生不断追求更高的目标，使他们中的先进分子树立共产主义的远大理想，确立马克思主义的坚定信念。

其三，以爱国主义教育为重点，深入进行弘扬和培育民族精神教育。深入开展中华民族优良传统和中国革命传统教育，开展各民族平等团结教育，培养团结统一、爱好和平、勤劳勇敢、自强不息的精神，树立民族自尊心、自信心和自豪感。要把民族精神教育与以改革创新为核心的时代精神教育结合起来，引导大学生在中国特色社会主义事业的伟大实践中、在时代和社会的发展进步中汲取营养，培养爱国情怀、改革精神和创新能力，始终保持艰苦奋斗的作风和昂扬向上的精神状态。

其四，以基本道德规范为基础，深入进行公民道德教育。要认真贯彻《公民道德建设实施纲要》，以为人民服务为核心、以集体主义为原则、以诚实守信为重点，广泛开展社会公德、职业道德和家庭美德教育，引导大学生自觉遵守爱国守法、明礼诚信、团结友善、勤俭自强、敬业奉献的基本道德规范。坚持知行统一，积极开展道德实践活动，把道德实践活动融入大学生学习生活之中。修订完善大学生行为准则，引导大学生从身边的事情做起，从具体的事情做起，着力培养良好的道德品质和文明行为。

其五，以大学生全面发展为目标，深入进行素质教育。加强民主法制教育，增强遵纪守法观念。加强人文素质和科学精神教育，加强集体主义和团结合作精神教育，促进大学生思想道德素质、科学文化素质和健康素质协调发展，引导大学生勤于学习、善于创造、甘于奉献，成为有理想、有道德、有文化、有纪律的社会主义新人。高校思想政治理论课程承载了大部分思想政治教育内容，是大学生的必修课，是帮助大学生树立正确世界观、人生观、价值观的重要途径，是大学生思想政治教育的主渠道。目前，高校思想政治理论主要有形势政策、思想道德修养与法律基础、毛泽东思想和中国特色社会主义理论体系概论、中国近代史纲要、马克思主义基本原理概论等课程，各门课程侧重的内容不同，但都着力于体现马克思主义中国化的最新理论成果，用科学理论武装大学生，用优秀文化培育大学生，紧密围绕大学生普遍关心的改革开放和现代化建设中的重大问题，对大学生进行释疑解惑和教育引导。这些课程中大部分都具有鲜明的意识形态属性，对于帮助大学生坚定正确的政治方向，正确认识和分析复杂的社会现象，提高思想道德修养和精神境界具有十分重要的作用。

可见高校思想政治教育已经形成了以马克思主义为指导，以理想信念教育为灵魂，以民族精神教育为主干，以思想道德教育为基础，以综合素质教育为内容的思想政治教育内容体系。该体系不仅与中华民族的优良传统一脉相承，而且立足中国国情，反映改革开放和现代化建设实践新经验，具有鲜明时代特色，并且紧密结合大学生实际思想水平状况，内容涉及政治、思想、道德、心理及日常行为等诸多方面，为开展大学生思想政治教育提供了依据。

5. 教育方法日益改进

思想政治教育方法，是教育者对受教育者在思想政治教育过程中所采用的思想方法和工作方法，或者说是教育者为了达到一定的目的对受教育者采用的手段和方式。① 经过多年的创新探索，高校思想政治教育在实施中形成了形式多样、行之有效的一整套实施方法，主要包括思想政治教育的基本方法、一般方法、特殊方法。基本方法表现为理论教育法、实践教育法、批评与自我批评的方法。一般方法表现为思想疏导教育法、比较教育法、典型教育法、自我教育法、激励教育法。特殊方法表现为心理咨询法、思想转化法、冲突化解法、预防教育法。不同方法之间并没有绝对的界限，在具体实施中常常会相互转化和相互渗透。《意见》指出，要联系改革开放和社会主义现代化建设的实际，改进教学方法，改善教学手段。如何适应社会经济条件的变化与教育体制改革的内在需求，实现传统的以教育者为主导的教育方法向以受教育者为中心的现代教育方法的顺利转轨，就成为当前思想政治教育方法创新的中心环节。在思想政治教育实施中，各高校积极探索，实践创新，不断拓宽思想政治教育实施空间，丰富和发展思想政治教育实施方法，自觉把疏导教育法、比较教育法、典型教育法等一般方法以及心理咨询法、冲突化解法等特殊方法运用到思想政治教育实践中，并且对思想政治教育方法进行了创新和发展。例如，把思想政治教育与学校其他工作如教学科研相结合，形成全方位育人的格局；在教学方法上把传统教育手段与先进科技教育手段相结合，增强课程吸引力，提高教学效果；注重发挥校园文化建设和社会实践的育人作用，拓宽教育渠道；充分利用高科技手段推动思想政治教育方法科

---

① 郑永廷：《思想政治教育方法论》，高等教育出版社 2007 年版，第 3 页。

学化、现代化、最优化，充分利用网络技术优势加强和改进思想政治教育工作；等等。

总的来说，高校思想政治教育方法类别多样、内涵丰富，关于思想政治教育方法创新研究也吸引了众多学者深入钻研，这既表明关于思想政治教育方法研究具有重大价值，又标志该研究取得丰硕成果。

6. 教育评价日益科学

思想政治教育评价是按照思想政治教育的目的要求，采用一定的手段对思想政治教育进行调查、总结和评定的工作。对思想政治教育进行评价，促进思想政治教育不断改进和完善，是实现高校思想政治教育工作目标的必要保障。

《意见》指出，要把大学生思想政治教育工作作为对高等学校办学质量和水平评估考核的重要指标，纳入高等学校党的建设和教育教学评估体系。以此思想为指导，教育管理部门及高校相继建立了思想政治教育工作的评价指标体系，细化评价的具体内容，并结合实际情况积极稳步地推进思想政治教育评价工作。有些高校还借助社会力量、学生力量等对思想政治教育进行评价，使考评制度更加严格、更加科学、更加理智。思想政治教育评价作为思想政治教育过程中不可或缺的重要环节，以其可以对思想政治教育目标、方法、过程进行调整、优化的特性，逐渐成为思想政治教育理论研究中的一个重点和热点。一方面，从思想政治教育评价研究的重心来看，高校思想政治教育评价已经由以前围绕"思想政治教育是做人的工作是否可以量化测评"的争论转向"可以测评、如何更科学地测评"的研究工作层面，大多数高校都建立了思想政治教育工作考评的指标体系，细化具体考评内容，提出创新考评办法，此外，不少学者致力于建立科学有效的测评体系研究。在思想政治教育评价实际工作中，较为通行的做法是量化考核和群众测评相结合。例如，把大学生思想政治教育细化为思想教育、政治教育、人文教育、矛盾化解和应急能力的培养等方面，然后通过问卷调查、模仿演练等形式，对教育的成果进行考核。群众测评则主要是对教育实施者的工作业绩进行评估的问题，这主要包括知识的含量、教育方式的创新、与受教育者的关系等。[①]

另一方面，从对思想政治教育评价的研究工作主要突破来看，主要有如下两点。一是可视性评价理念的提出。大学生思想政治教育可视性评价是指将思想政治教育主体的行为、思想政治教育的过程、思想政治教育客体的变化、思想政治教育效果、思想政治教育评价标准和手段采用定量与定性相结合的方式，充分依靠动态数据和可追溯性的事实，把评价指标转换成显性的、可视的和可测的内容来进行客观公正的测评。应该说，可视性评价理念是思想政治教育评价领域重要而有益的探索。二是数字化测评手段的运用。在思想政治教育测评中利用现代信息技术，搭建测评数字化平台，也是思想政治教育评价工作研究的突破。在以检测定量数据和可追溯性事实为主的基础上，将测评信息分解为基础数据信息和现场考察信息。对基础数据信息部分，可以通过分类标识、定期报送和系统分析等方式来处理，尽可能减少现场考察的工作量，真正体现科学测评的理念。对于现场考察信息，以采用科技手段为突破口，通过数理软件开发来实现便捷式操作。[②]

总的来说，大学生思想政治教育评价体系的构建和实施取得了一定的成就，当然，这是一个长期的过程，确定大学生思想政治教育测评体系是否具有可操作性，只有通过实际运行来接受理论与实践的双重检验，并在实践中不断改进与完善。

7. 教育环境日益和谐

高校思想政治教育是一个系统工程但并不是一个封闭的系统，其组织和实施不仅有内在环境（即校园环境）进行和完成，而且有

---

① 王冠中：《国内外大学生思想政治教育模式及实施研究述评与思考》，《思想教育研究》2006年第2期。
② 邓卓明：《大学生思想政治教育测评体系构建新探》，《思想理论教育导刊》2009年第4期。

外在环境（主要指社会环境）。环境是思想政治教育体系的组成部分，张耀灿认为环境与主体、客体、介体一样，都是思想政治教育系统的基本要素。思想政治教育环境即思想政治教育的环境，是指与思想政治教育有关的，对人的思想政治品德形成、发展产生影响的外部因素。环境因素是思想政治教育不可缺少的基本要素。①

《意见》指出，要努力营造大学生思想政治教育工作的良好社会环境，全社会都要关心大学生的健康成长。经过多年的发展，大学生思想政治教育日益得到高校和社会的关注和重视，目前高校思想政治教育的环境日益和谐，表现为内在环境和外在环境的紧密联系。就内在环境而言，良好的校园文化是一种重要的教育力量，它以潜在的、隐形的力量悄然地影响着大学生的思想认识和道德品质。高校重视校园文化建设工作，要求思想政治教育管理干部、专职学生工作人员爱岗敬业、管理育人、服务育人，在引导大学生成长成才方面营造良好的校风、院风、班风和学风。教师要重视课堂教育效果，以身作则、言传身教。学校管理层面做到调动老师的育人积极性，营造良好的育人风气。通过这些措施，高校着力为大学生的理想、信念、政治抱负等方面提供良好人文环境、活动体验和实践感受。就外在环境而言，这是个宽泛的概念，本书主要立足于经济全球化和科学技术浪潮的宏大背景，来审视思想政治教育对现代环境提出的重大而迫切的问题做出的回应。首先，经济全球化使物质生产和精神生产在世界范围内发生广泛的联系，由此引发了政治多极化和文化多样化，这必然要求思想政治教育应对全球化带来的影响。从思想政治教育学研究领域来看，已有不少学者涉足经济全球化语境下的思想政治教育研究，认为全球化语境下思想政治教育面临新自由主义和马克思主义、全球主义与爱国主义、数字资本主义与社会主义的关系等难题。张耀灿认为，经济全球化对思想政治教育的影响具有双重性，它使思想政治教育变得更为重要和迫

---

① 张耀灿：《现代思想政治教育学》，人民出版社 2001 年版，第 152 页。

切，也使思想政治教育面临前所未有的挑战。其次，思想政治教育的网络环境随着现代计算机技术发展和普及过程而形成，它具有开放性、虚拟性和即时性等特征。最后，思想政治教育的媒介环境也已形成。它以大众传媒为主体，其背后是现代科学技术的支撑，它和互联网用"数字化生存"颠覆了主体传统的社会存在方式。① 郑永延认为，媒介环境是现代思想政治教育环境的重要组成部分，直接影响思想政治教育的各个环节，直接参与塑造、改造教育对象。可见，思想政治教育的外在环境及其变化已引起思想政治教育研究领域和实践领域的高度重视，学界关于思想政治教育环境的研究成果较为丰富，高校把这些研究成果引入实践工作，也将推动思想政治教育环境研究的发展。

经济全球化、市场经济、网络技术、新媒体技术等的发展带来的环境因素的变化对思想政治教育来说虽然是巨大的挑战，但是也为思想政治教育的开展及其功能的实现提供了更为宽松、多元的环境。合理利用外在环境的有利因素，对于创新和发展思想政治教育有着积极作用。例如，有的高校建立红色经典网站、开拓网络思想政治教育阵地等，创新了思想政治教育形式。总的来说，目前和谐融洽的环境为开创思想政治教育的新局面起到了保障作用。

二　伦理视域下高校思想政治教育存在的问题

伦理学是一门价值科学，反思并寻求人类活动的价值合理性的根据是其重要的理论使命之一。如果高校思想政治教育缺乏伦理关怀，缺乏从伦理视域对思想政治教育的审视和解读，缺乏对思想政

---

① 周琪：《当代思想政治教育环境问题研究述评》，《思想教育研究》2005 年第 7 期。

治教育活动的价值合理性的追问，在一定程度上将会影响思想政治教育效果的实现和威力的发挥。因此本章节从伦理视域对高校思想政治教育体系的各个构成部分进行审视和解读，剖析其面临的某些伦理问题，并期望借鉴周秦伦理文化中可用于思想政治教育方面的资源，以对提高思想政治教育实效性起到一定的积极作用。

（一）教育目标

从伦理视域审视高校思想政治教育，部分高校在教育目标实施过程中还存在对人的价值取向重视不够，目标设置与大学生实际道德认知状况脱节等问题。

1. 注重强调社会价值，对人的个体价值取向重视不够

在过去相当长的一段时期，我们多强调人的本质是一切社会关系的总和，过度强调人的社会属性，强调个人对社会的服从和认同，未能理解和把握人是一种通过实践由必然走向自由的超生命的生命体，忽视了个人的自我价值，忽视了人在社会中的能动性、创造性和自主性。反映在思想政治教育中，传统的思想政治教育目标由战争时期的为军事战争服务到社会主义建设时期为经济工作服务，再到改革开放新时期为改革开放服务，尽管思想政治教育工作的科学化已备受关注，但对思想政治教育的目标研究还是多从社会出发，认为思想政治教育是社会系统的一个子系统，思想政治教育的目标和存在的基础就是思想政治教育作为一个子系统对社会大系统的正常运转的支撑和促进作用。当然，这种以社会需要来定位思想政治教育目标的做法有其合理之处，特别是在纠正"文化大革命"时期将思想政治教育视为政治附庸的观点方面有着积极的意义。反映在思想政治教育的具体实施中，传统思想政治教育多采取集体教育、"流水线"教育，满足了社会对人才的大量需求，这种以社会价值取向为教育目标、以社会检验为价值尺度，看似合理的或合道德的教育目标，从伦理意义上来说，存在不合理的一面。

由于"社会本位论"的影响，思想政治教育的社会价值观往往被演绎为片面的唯社会价值观，忽视甚至否定个人价值，在思想政治教育目标的确定上，只强调社会要求，忽视甚至否定个人的内在需要。结果就是思想政治教育在价值论上急功近利，在方法论上统一灌输，在教育形式上整齐划一，虽然使尽可能多的学生平等接受教育，但却没有尊重教育主体的差异性，没有尊重学生在成长过程中所表现出来的才能和品德诸方面的差异，没有尊重学生依据自己的个性特点选择自己的发展方式的权利。① 这导致受教育者的个性发展模式化、标准化、智育化。呆板教条、过于理想化与政治化的思想政治教育不利于受教育者的健康成长。"教育本身就意味着：一棵树摇动另一棵树，一朵云推动另一朵云，一个灵魂唤醒另一个灵魂。如果一种教育未能触及人的灵魂，未能引起人的灵魂深处的变革，它就不成其为教育。"② 社会化、整齐化的培养目标最直接的负面效应，就是大学生批判性思维能力和创新能力低下。

当今世界处于一个全球化时代。在这个时代，创新人才成为稀缺资源，社会迫切需要高校培养富有开拓创新能力的高素质人才，而创新人才的培养需要一种全新的、因材施教的个性化教育模式，个性化教育成为教育思想的一种新境界。"思想政治教育是人类自身心灵和精神成长的重要方式，本应培植一个个理性而独特的德性生命"③，然而传统的"社会本位论"思想的影响依然在一定程度上存在，有的高校思想政治教育在实践操作层面依然过于关注社会需求，忽略个人发展、个性开发，削弱了思想政治教育客观存在的满足个人自身发展需要的功能和价值。外在的社会需求与内在的人性需求的矛盾、工具理性与价值理性的矛盾变得更突出了。

2. 目标设置与学生实际道德认知状况脱节

部分高校思想政治教育在目标设置上脱离学生实际道德认知状

---

① 张坚强：《全球化背景中高校思想政治教育的伦理困境》，《江苏高教》2002 年第6 期。

② 杨东平：《教育：我们有话要说》，中国社会科学出版社 1999 年版，第 156 页。

③ 毕红梅：《全球化视野中的思想政治教育研究》，博士学位论文，华中师范大学，2006 年，第 106 页。

况，犹如空中楼阁，虽然"高大恢宏"却缺乏现实性，主要表现为以下两点。一是整齐化，思想政治教育目标过于整齐单一，没有充分考虑学生的个体差异，缺乏针对性；二是理想化，对所有学生都提出同样的、不切实际的过高要求，脱离学生生活实际和道德认知水平。就前者而言，其原因在于，教育目标的确立以社会需求为单一的标准，忽略学生个体的发展需求、忽略学生的个体差异，这其中的伦理困境前文已有论述，不再赘述。就后者而言，其原因在于，市场经济下道德教育目标与实际经济水平脱节，过于理想化的目标要求，在思想政治教育活动中根本达不到预期的效果。目前我国还处在社会主义初级阶段，首要任务是发展经济，受此影响，追求物质利益成为人们的主要目标，社会分配上推行的是多劳多得、优劳优酬的分配方式。这一阶段，"大多数人与只讲奉献不讲索取，的思想境界和道德水准都有一定的距离"。① 如果学校只是强调用共产主义理想、大公无私、只讲奉献不讲索取教育学生，要求学生树立全心全意为人民服务、为共产主义奋斗的远大理想目标，这样的思想政治教育就脱离了我国当前正处在社会主义初级阶段的实际情况，这样的目标设置推行的是一种脱离社会现实、相当超前的道德，看似先进的理论难免会引起学生因无法实现先进的道德而灰心或是怀疑，甚至引起学生对社会现实的不满，学生不但没有提高自身思想觉悟和道德水准，反而对崇高的理想信念失去信仰，在这种教育目标指导下的思想政治教育不但不能收到实效，反而置自身于一个"曲高和寡"的尴尬境地。

思想政治教育目标的确立要如何才能做到既适应目前社会主义初级阶段的人们实际的、普遍的道德状况，又体现社会主义思想道德的先进性，还关注个体的发展，这是长期以来相关研究者必须直面的一个现实问题。

---

① 胡建华：《加强社会主义市场经济条件下大学生道德教育的思考》，《思想教育研究》2010 年第 6 期。

（二）教育主体

在高校思想政治教育队伍主体中，与大学生联系最直接、最具有能动性、最富有生气的组成部分是辅导员。笔者曾多年从事辅导员工作，故以辅导员作为思想政治教育主体的代表，分析其在思想政治教育工作实际中面临的问题。

1. 职业压力与伦理关怀缺乏

近年来，全国高校专职辅导员从 2004 年的 4 万多人增加到 2016 年的 13 万多人，辅导员是高等学校教师队伍和管理队伍的重要组成部分，具有教师和干部的双重身份。辅导员是开展大学生思想政治教育的骨干力量，大学生思想政治教育的一切方针原则、计划部署、内容要求、目标效果最终都依靠辅导员来贯彻落实，辅导员是高校学生日常思想政治教育和管理工作的组织者、实施者和指导者。

辅导员制度是我国社会主义大学的特色。1965 年，教育部制定了《关于政治辅导员工作条例》，以法规的形式对高校政治辅导员的地位、作用等一系列问题做出了明确规定，标志着高校政治辅导员制度已经形成。其后经历"文化大革命"的浩劫，到党的十三届四中全会后辅导员制度得到了恢复和发展，辅导员队伍在高校的政治教育工作中发挥了重要作用，为高校的稳定发展做出了巨大贡献。现阶段，由于高校扩招，加之网络技术的飞速发展、学分制的实行、学费上涨、自主就业等新情况的出现，对辅导员队伍提出了许多新的要求，辅导员工作也面临前所未有的新挑战。2006 年《普通高等学校辅导员队伍建设规定》的出台为新时期规范辅导员队伍建设提供了基本依据，对辅导员的职责进行了调整，指出辅导员队伍的功能和职责不能局限在思想政治教育和日常行为管理上，增加了心理健康咨询、职业生涯设计与规划、公寓管理、就业指导、学习咨询辅导等内容。2014 年 3 月，教育部以教思政〔2014〕2 号印发《高等学校辅导员职业能力标准（暂行）》，要求辅导员应在基础知识、专业基本理论、基本知识、基本方法和法律法规知识方面不断拓宽储备，还要具备较强的组织管理能力和语言、文字表达能力，及教育引导能力、调查研究能力等。该标准按照初、中、高三个职业能力等级，对高校辅导员的思想政治教育、党团和班级建设、学业指导、日常事务管理、心理健康教育与咨询、网络思想政治教育、危机事件应对、职业规划与就业指导、理论与实践研究等职业功能的工作内容进行了梳理和规范，对辅导员在不同职业功能上应具备的能力和理论知识储备提出了明确要求。这些规定和要求对于提升辅导员的职业地位、增强其职业认同、完善辅导员考核培养机制、丰富辅导员工作专业内涵、增强辅导员职业自信等方面有着积极的意义。

但是在思想政治教育具体实践中，辅导员面临工作的高强度、高压力，然而自身却又缺乏伦理关怀，因而在一定程度上产生了职业枯竭、职业倦怠的困惑。

就工作强度来说，一方面，辅导员工作内容繁杂，工作范围广泛，工作任务繁重。按照相关文件的规定，高校专职辅导员生师比应为200∶1，这个比例应该是比较合理、恰当的，但实际上部分高校在执行中严重偏离了这个比例，一个辅导员负责的学生人数远远高于200人，在有的学校一个辅导员要管理的学生甚至高达四五百人。且不说辅导员担任的多种功能和职责，仅仅学生日常管理工作这一项就涵盖了学生从新生入学到毕业的多项事务，诸如迎新生、军训、奖助补贷勤、检查早操和早晚自习、查晚归、查校外租房、安全教育、艺术节、运动会、各类比赛、党团建设、实习实践、考风学风、催交学费，等等。可以说，基本上只要与学生相关的事情，都属于辅导员的工作管理范畴。另一方面，辅导员工作时间延长且不能预期，其工作时间和休息时间没有明确的界限，几乎所有高校都硬性要求辅导员24小时保持开机畅通状态，"周末加班""维稳加班""毕业生值班"是工作常态，工作压力不容易消除。多数辅导员一天的工作情况是这样的：早晨6点半起床检查早操、早自习，上班时间处理年级及学院的具体学生工作事务，晚饭后开班会，晚上 9 点半学生公寓检查，晚上 11 点办公室维稳值班结束。如果是周末还会有大型的学生活动、比赛。除此之外，辅导员还得应付随时可能发生的突发性事件、群体性事件，保持招之即来、来之能战的积极工作状况。

就工作压力来说，各种形式、种类繁多的检查、评估、考核让辅导员心理压力增大。辅导员不仅要做好学生的日常管理和事务性工作，还要频繁地迎接院系、学校甚至省级以上各类比赛、评比，不仅有涉及学生个人的竞赛，还有关系学院集体荣誉的评估，例如，文艺会演、军训排名、年度学生工作评估、就业评估等，更有关乎辅导员个人的考核定级。因此，辅导员要随时做好准备，以承受学生出了事、工作不全面、比赛评估没得奖的责备和批评，心理压力增大，职业倦怠、困惑日渐滋生。

然而，处于高强度、高压力下的辅导员，并没有得到足够的伦理关怀和情感重视。高校大学生思想政治教育工作队伍主体是学校党政干部、思想政治理论课和哲学社会科学课教师，辅导员和班主任。在这个主体系统中，辅导员处在最基层。辅导员介于行政人员和教师之间，在其之上有学生处（学工部）、校团委、党总支正副书记以及更高行政级别的领导，思想政治理论课和哲学社会科学课教师属于专业教师，享受一线教师待遇。目前，高校的辅导员大多是从研究生中公开考试选拔出来的，虽然综合素质高，但毕竟也只是一个普通人，既要做好学生日常管理工作，又要当好心理咨询师、就业职业指导师等，承受的工作压力可想而知。再加上学生工作并不是立竿见影出成绩，而是长期的、潜隐的，这就造成辅导员学生工作绩效不明显。与高校专业教师相比，辅导员没有专门从事专业知识教学，没有显著的课题、科研，从事的是日常琐碎工作，在高校属于"打杂""辅助"人员，故而辅导员很难获得及时和积极的肯定和评价，难免会出现分配不公、发展受限等问题。例如，有的高校辅导员工作量只计算为专业教师的一半或是 70%，评职称要放弃已学硕士专业，必须走思想政治教育专业，等等。在这个过程中，主要的问题是部分高校只关注了学生工作本身，而忽略了辅导员主体性需要，对辅导员的发展需求、成就感、自卑感、职业倦怠、职业困惑等缺乏关注和人文关怀，没有"以人为本"，没有对辅导员进行情感投入和伦理关怀。

2. 物质利益与职业道德的矛盾

在高校思想政治教育现实工作中，以辅导员为代表的教育主体所面临的物质利益与职业道德的矛盾，可以从两个方面来解析。

一方面，教育主体的道德品质、思想素质对开展思想政治教育有重要影响，教育主体必须规范自己的一言一行，以身作则、模范带头，对大学生起到潜移默化的作用。那么，教育主体能否为自己伸张物质利益的权力？教育主体如果要求了物质利益，是否会影响学校思想政治教育工作的开展？是否会对教育客体产生负面、消极的影响？事实上，大多数的教育主体都认为争取了物质利益，就降低了职业道德水平、严重贬低了自身高尚的职业形象，因此对物质利益都讳莫如深、避而不谈，偶有少数争取者，却往往被学校领导和相关部门不理解，认为是不安心工作。"把握世界的方式，其本性就是对现实利益的超越，没有这种超越，一切变革社会的实践都是不可能的"，尽管马克思认为"思想一旦离开利益，就一定会使自己出丑"①，在思想政治教育现实中，如何平衡和协调争取物质利益与遵守职业道德的关系和矛盾、如何做到既争取物质利益又不违背职业道德，依然是困扰教育主体的难题。

另一方面，在市场经济条件下产生的经济利益多元化给高校思想政治教育提出了新的挑战，教育主体所面临的客体日益复杂，客体的主体意识越来越突出，价值取向日益多元化，这些都给教育主体提出了新的难题。然而，令教育主体感到困惑的是，既然自身争取物质利益合适与否以及如何争取都尚无定论，那么在思想政治教育工作中，能否引进物质利益原则呢？如何关注教育客体的利益与

① 《马克思恩格斯全集》第二卷，人民出版社 1957 年版，第 103 页。

发展？教育主体与教育客体是否存在利益关系以及关系如何？思想政治教育工作的利益机制又该如何建立？对思想政治教育工作的实效性又有何影响？这些问题都需要我们认真思考应对。

3. 重视对学生的教育管理与忽略服务育人

一般认为，高校思想政治教育主体从事的是学生管理工作。有些教育主体往往认为自己作为管理者代表学校执行管理工作职能，在实际工作中认为自身具有绝对权威性，凭教育主体的权威身份以行政命令手段或是凭抽象、严厉的规章制度来管理学生，这种管理方式简单、规范，由来已久，也深得部分思想政治教育工作者的认同。但是随着市场经济和改革开放的深入发展，思想政治教育主体的管理职能面临前所未有的挑战。学费的上涨使大学生的身份由服从者向消费者转变，教育者与受教育者的关系也随之发生了微妙的变化，师生关系由以往的管理者与服从者关系向服务者与消费者的关系转化。教育者如果仍然坚守其管理职能，那么其道德合理性就成了问题。[1] 然而，在思想政治教育现实中，部分教育者或是没有意识到角色的转变，或是意识到了却不愿意接受而选择了逃避，依然坚守管理者的角色毫不动摇，通过行政管理、权威压制手段达到表面稳定、和谐，展现思想政治教育管理工作的成效。且不说教育者对管理职能的坚持是否适应社会环境的发展变化，仅就管理职能本身来说，上对下的权威、制度管理，没有从受教育者的需求出发，没有深入服务层面，没有关心受教育者是否得到了教育和进步，难免有粗糙甚至粗暴之嫌。这种教育管理理念忽视了受教育者的主体性需求，忽视了对受教育者的关心及服务，在一定程度上剥夺了人自由全面发展的权利，把教育的最高目的由促进人的自由全面发展降低到了改造"主观世界"的最低层次。[2] 教育主体单纯强

---

① 张坚强：《全球化背景中高校思想政治教育的伦理困境》，《江苏高教》2002年第6期。

② 颜旭：《论新时期思想政治教育的伦理法则》，《扬州大学学报》（高教研究版）2007年第3期。

调行使行政管理的职能，不仅弱化了思想政治教育的伦理道德服务功能，而且影响了思想政治教育实效性的发挥。

（三）教育客体

高校思想政治教育的客体特指大学生。随着经济全球化日益发展，西方各种社会思潮和价值观念不断袭来，改革开放的深入和市场经济体制的快速发展，社会价值观的多元化已是不争的事实。面对日益复杂、发展变迁的社会现实环境，大学生的道德状况也发生着变化。从伦理角度视之，当前大学生主要面临个性发展的道德观的扭结以及政治道德、婚恋道德、网络道德迷失等伦理问题。

1. 个性发展的道德观的扭结

何为个性？学界对此定义颇多。在西方，学者们大致把个性理解为一种"独特的身心组织"。苏霍姆林斯基认为："人的个性，是一种由体力、精神力量、思想、情感、意志、性格、情绪等因素组成的相当复杂的合金。"奥尔波特认为："人格是个体内部那些决定一个人的行为和思想的心身系统的动力结构。"并且认为人格有鲜明的个性特征。[①] 可以看出，个性的内容大致包括社会品质、心理品质以及生理特征等。从伦理视角而言，个性主要是一种伦理特性，它是一种已经被人们接受并内化于心的道德理想、品质或规范。[②]"个性"在我国思想政治教育发展历程中曾被认为是不服从安排、无组织、无纪律、不听话的代名词，这主要是出现在新中国成立后的某一段特殊时期，中国共产党人尚未对马克思关于人的自由而全面发展中的自由个性思想有深入理解，个性解放、个性发展没有得到应有的重视。随着改革开放、社会主义市场经济的发展，人们压抑已久的个性得到了极大的解放和发展，个性的张扬、自我的萌动，人们开始积极地探讨生命和自我的价值。这意味着社会为个性的发展开启了前所未有的空间，但随之而来的是人们面对个性发

---

① 转引自戴汝潜《个性发展与教育改革实验》，《教育研究》1989 年第 7 期。

② 王小锡：《思想政治教育伦理学》，中国商业出版社 1994 年版，第 66 页。

展的困惑和彷徨。大学生渴望个性自由发展，但是由于受到社会上极端自我主义的消极影响，在面临集体道德与个体道德的取向时感到困惑，产生道德观上的群体与自我扭结。

表现一：个性发展的迷茫。有些大学生面对多种价值观念、多种社会思潮及现实社会中种种不和谐现象，在现实生活中出现了"我是谁"的困惑，自我身份体验丧失，对自我价值、意义迷茫，对什么是个性发展感到迷惑。有的大学生认为个性自由发展就是对"集体主义"的反叛，是对学校规章制度的挑战和违背，是对传统的不屑、对束缚的摆脱，过分强调人的自我实现，追求人的片面、畸形发展，将自我演绎到极致的"以自我为本位"，认为"人的本质是自私的"，道德理想失去了它原有的光环而屈从于世俗的道德现实。

表现二：个性发展的行为失范。市场经济下价值观的多元化和个人道德框架的四分五裂带来的大学生个性发展过程中的行为失范。随着改革开放和市场经济的深入开展，曾经全民式道德生活共享的价值体系坍塌，"生活的伦理秩序失去了一致性，各种利益行为的冲突和某些极端的利益行为已在把社会推向道德失序状态"①，而新型价值体系又缺位，价值观多元争鸣，功利主义、实用主义、享乐主义盛行，使社会生活中出现了道德框架分裂、道德问题，大学生个性发展过程中的行为失范的可能性增大。有些大学生在从追求社会价值的实现转向对自我价值关注的过程中，由于受到社会道德失序的消极影响，而过分追求个人的自我价值，割裂个人与社会的关系，功利主义明显，造成个性发展片面、畸形。有些大学生则是在这个多元道德共存的时代不能正确处理多元与一元的关系而彷徨迷茫，个性发展"堕落"为随波逐流。

表现三：个性发展的理想化向往。大学生往往是怀着美好的憧憬，朝着美好的目标积极奋进，积极向外张扬自我，但是难以回避

---

① 刘小枫：《现代社会理论绪论》，上海三联书店 1998 年版，第 517 页。

的是理想化的个性发展追求撞上现实固守的道德规范的"南墙"而被打击得狼狈不堪。离开了社会集体、脱离了社会大众、超过了社会接受极限的个性发展受到了阻隔，面对道德观上的群体与自我扭结，大学生表现出迷惘、困惑。

2. 政治道德与价值观认知的迷失

大学生的政治道德是指大学生作为政治生活参与者对规定的善与恶、是与非、荣与辱、权利与义务等政治道德准则和要求的认识和遵循状况。从伦理视域解读思想政治教育客体，探寻大学生的道德世界，政治道德是无法回避的领域。

树立正确的政治道德和政治价值观是大学生全面发展、培养大学生全面素质的重要内容。当代大学生主流价值取向积极向上，普遍具有民族自豪感，拥护党的领导，认同党的政治纲领，民主意识强烈，高度认同公平竞选学生干部，表现出强烈的社会参与意识与进取精神。但是有些大学生在政治道德认知中也存在一些问题。

其一，功利主义倾向明显，对社会主义意识形态存在认同弱化的趋向。改革开放的推行和市场经济的发展，促进了社会的发展和进步，也改变了人们陈旧的思维方式和价值取向，对经济利益最大化的追求冲击着人们的价值观、人生观。一些大学生把个人利益、经济利益放在首位，更关心自身物质利益，而忽视理想、信念、情操等追求，或是看重政治而把政治看作自己成长的必要条件，但又不想更多地承担应尽的政治、社会责任，功利主义倾向较为明显。在一项针对大学生"担任学生干部的原因"问题的调查中，有81%的大学生选择"能锻炼和体现出自己的能力与价值"，但也有54%的同学选择"在入党、就业方面对自己有利"和49%的同学选择"在评先进、奖助学金等方面可以更好地维护自己的利益"。可见，大部分大学生当学生干部的动机与目的是健康的，渴望自己的能力与价值得到他人和社会的承认与赏识，但功利性倾向也较为突出。

其二，政治冷漠。部分大学生对政治问题和政治活动存在一定程度的远离现象，不过问也不参与政治生活，对国家政治经济的关注度远低于对文艺娱乐消息的关注度，这种政治冷漠现象也蔓延到校园里。这些同学对政治问题思考少，更不愿去参与，或是忙于紧张的学习，或是在网络、游戏中寻找心理寄托，保持"回避"甚至自诩为"超越"的政治心理状态。有些同学在思考政治问题方面，也有着自己的政治观点及政治态度，然因有某些偏激的思想情绪或是某些思想问题，认为自己徒有一腔政治热情却报国无门，选择"无为而治""难得糊涂"的冷淡态度对待政治生活。

有些学生把校园里热衷于社会活动，政治上积极要求进步，从事干部工作的同学称为"政客""学生贵族"，对"学生贵族"的自傲但又没有真本事很不满意，认为"原来挺不错的一个人，但一跟学生会或干部这两个字眼沾边就变得不怎么的了"，因此说"政治是害人的"。这种政治冷漠感，还反映在入党问题上。积极入党的学生被称作"功利小人"，认为入党是大学毕业找个好工作的手段；优秀共产党员被同学"洗涮"、排挤，谁要怀揣共产主义远大理想谁就是"傻帽"；在党员组织生活上，"两眼发呆、思绪飞扬"，认为组织生活是"形式主义"，老师说的话是"空话""大话"。学校舞台上的政治选择无功而返，社会腐败现象的频繁发生，导致其在政治道德上无所寄托，加上校园政治文化的低下水准又那么令人失望，在这样的背景下，部分大学生的参与欲望逐渐减退，视政治为"枯燥的""无用的"，他们停止了政治思考，在这个"神马都是浮云""哥只是一个传说"的时代，一股"远离政治、厌恶政治"的"政治无用论"倾向在大学校园中悄无声息地蔓延，影响着大学生的政治热情和对政治道德的判断。

其三，政治价值观认知模糊。部分大学生政治价值观认知模糊，对何为社会主义、资本主义没有清晰的认识，也没有意愿去认识了解，认为社会主义制度和资本主义制度各有利弊，无优劣之分，走什么样的道路并不重要，只要能真正为人民大众谋福利就是好制度，应该少纠结一些主义，多解决一些实际问题。在对中国共产党执政、政府及官员执政合法性认知的调查中，关于多党执政问题一项的调查数据如表 1 所示。①

表1   如何看待多党执政   单位:%

问题\态度	多党制在中国行不通	多党制在中国可以实行但目前条件不成熟	中国应该实行多党制
赞成	42.18	40.52	7.87

　　分析表 1，不难看出部分大学生在政体的选择问题上受到西方政治思想的影响，认同"两党制""多党制"，对政治理解辨别能力较弱，不能从中国的历史和现实的角度客观地进行判断，没有认清我国的基本国情，没有将马克思主义思想真正内化，导致他们的政治价值观认知模糊，政治立场不坚定，政治心态浮躁不稳定。

　　部分大学生的政治道德与政治价值观认知的迷失现象足以引起人们的深思，探询这一现象背后的原因。一方面，随着社会主义市场经济的快速发展，房价飙升、看病难、弱势群体的生存困难、道德水平的滑坡、食品安全危机等社会不合理、不公平的现象凸显，特别是部分领导干部的严重贪污腐败现象更是引发大学生的愤懑和不满，由于感到对改变社会现状的无能为力，进而对社会主义的未来充满迷茫和困惑，政治意识淡薄，对社会主义意识形态的政治认同趋弱。另一方面，市场经济的发展带来的重经济轻政治、重物质轻理想的社会风气也对大学生的政治民主热情带来消极影响。大学生一旦热衷于经济，就很可能导致产生对政治的冷淡，导致政治信仰的缺失。可见，大学生在面对政治这一主题时，心情是矛盾的，既有希望状态下的追求，也有失望状态下的挣扎，在最初的政治热情受挫以后，对政治道德的判断力较弱，经受不住理性的考验。

　　3. 婚恋观的多棱与传统的对决

　　伴随着观念的变革和环境的宽松，从 20 世纪 90 年代的大学

---

　　① 沈阳、胡兵：《有多少大学新生知晓中国特色社会主义共同理想》，《前线》2010年第 10 期。

"不鼓励谈恋爱"，到如今的大学校园"上演浪漫婚礼"，这些现象反映了大学生婚恋观的改变。大学校园自由和谐的氛围，集体生活的友谊，不仅为大学生恋爱提供了客观的条件，为爱情的嫩芽破土而出提供了适宜的条件，而且使大学生恋爱的方式日渐开放，他们激情洋溢、热情奔放，恋爱毫不遮掩，出双入对、形影不离，校园的每个角落都成了他们宣示爱情的舞台。

表现一："快餐式"的爱情。在这个快节奏的时代、人们热衷于吃快餐的社会，大学校园的爱情也变得快节奏了，时间就是金钱，爱情也无须经受"时间的考验"，许多少男少女很快走在一起，又很快离散，有人戏称大学校园里"每分钟都在诞生爱情，每一刻又在分解着爱情"。大学生的婚恋观由传统的"重结果""以结婚为目的、以期白头偕老"，向"重过程""不以建立家庭为目的"转变，"分手""离婚"在父辈眼里是离经叛道的耻辱之事，然而在大多数大学生的观念中却是社会文明进步的表现。"重过程""只要曾经拥有，不在乎天长地久"是大学生对快餐式爱情的诠释和注解。（见表2）[1]

表2	婚恋观调查情况	单位:%
问题 \ 态度	同意或基本同意	不同意
婚外情，是人类感情生活日益丰富的结果，无须大惊小怪	65	35
离婚是私人生活的事，难以用传统道德来评判	65	25
婚前性行为，只要真心相爱，无须指责	50	50

表现二："金钱味"的爱情。"宁愿在宝马车里哭，也不愿在自行车上笑"，这句曾经在网上风靡一时的话，在招致无数口水、谩

① 贺希荣:《道德的选择——来自大学生心灵的报告》，人民出版社2006年版，第20页。

骂的同时又是那样无法回避地触及了某些人的心灵深处。对金钱的追求、对物质的向往同样侵扰着象牙塔内纯真的爱情，曾几何时被人们轻蔑地贴上"世俗"标签的金钱、地位又堂而皇之地登上了大学生的恋爱殿堂。他们认为"爱的感情里，还应该有面包和咖啡"，重视金钱、地位等因素在爱情中的作用，有的大学生甚至把恋爱当作获取金钱、地位的手段，利用爱情达到物质享受的目的，或是利用爱情换取个人发展的更好机会和生活上的进步，认为"干得好不如嫁得好""女人的事业就是经营男人"。因此，"高富帅""白富美"成为众多大学生恋爱追求的目标。

表现三："性体验"的爱情。随着社会的进一步开放，性文化走进了社会文化的各个领域，"性"不再羞羞答答地罩着面纱，有开放得愈演愈烈的趋势，在这个"小三""二奶""一夜情"充斥大众话语的社会，性道德约束力日趋弱化，而性道德引导、教育又十分缺乏，对人们特别是青年大学生的恋爱观、婚姻观产生了极大的冲击。有调查表明，对于婚前性行为，选择"只要真心相爱，无须指责"的为50%。[1] 认为"偶尔一次一夜情没关系""同居是个人的权利，不存在对错""感情发展到一定程度，同居未尝不可"，这种"性随爱走"的观念已成为部分大学生的心态。大学生公开谈论"性"，从千百年的"性"禁区中走出来，是对传统婚恋观的挑战，从某种意义上说是一种进步，但是他们普遍认为"性"只关乎爱情而无关婚姻，因此在恋爱中往往出现性越轨。青春的冲动固然可以理解，然而随之而来的道德承诺与道德责任却不是一时冲动可以消解的。

如今大学校园开放狂热、多元变化的恋爱观冲击着传统婚恋观，难道这仅仅是对传统婚恋观的创新，仅仅是社会道德的嬗变？在两者对决、冲击后面又蕴含着多少值得思索、忧虑的东西？

---

① 贺希荣：《道德的选择——来自大学生心灵的报告》，人民出版社2006年版，第20页。

4. 网络道德认知的迷失

网络时代似乎就在一夜之间来到人们的身边，不管你是否有准备、是否能接受，一律不予理睬，以令人震惊的速度渗透社会的各个领域、覆盖到社会的各个角落，大学校园也概莫能外。网络最主要的特征就是提供了继"物理空间"和"心理空间"之外的第三空间——虚拟空间。在这样的空间里，金字塔般的权力机构正在被解构，各种社会思潮的侵袭，道德行为的失衡与异化，信息传播内容的不可控性，各类名目的组织活动的引导……在这个空间里，每个个体都能如隐形人一般天马行空、独来独往，都能寻找到自己的位置和存在的价值，"数字化生存……让弱小孤寂者也能发出他们的声音"①。同样，这个空间也备受大学生的青睐。大学生能迅速接受网络新兴事物并能运用掌握，是时代进步的表现，但是从伦理视域看，大学生在网络社会的游弋也存在一些问题。

其一，网络科技异化，工具理性凸显，价值理性丧失。随着网络科技的飞速发展，网络已渗透到了人们生活的各个角落，而大学生正是接受网络信息速度最快、利用网络技术最熟练的群体。网络信息量巨大且传递快速，它所营造的这种平面化、标准化、海量化的知识传递格局，使大学生习惯于直观形象的接受，在一定程度上妨碍了他们理性思考和创新思维能力的培养和提高。大学生正处于社会化、思维发展的关键时期，每天与网络如影随形，生活在网络符号空间，个人现实活动空间狭窄，习惯于无须思考、麻木被动地从网络获取海量信息，极易导致在情感上对网络形成依赖。长此以往，就会失去对现实生活的主动思考、主动获取、主动认知的能力，这就阻碍了大学生认知理解能力的良性发展，形成认知倦怠，进而导致了大学生创新思维和理性分析的弱化。美国学者丹尼尔·伯斯丁认为，"网络正在削弱我们的思考力，汽车使人类体能弱化，网络使人的智能弱化，长此以往，人类可能会被网络变成弱

---

① 尼葛洛庞蒂：《数字化生存》，胡泳译，海南出版社 1999 年版，第 7 页。

智儿"。有的大学生戏称,"现在不用学习,也不用记忆了,有不懂的只管问百度,它会告诉你精准详尽的答案,比教授都强"。可见,大学生由于对网络的过分推崇和依赖而受到网络的掌控,在网络面前丧失了自我,成为"网中之物"。网络成为追求的目标,而人在这个过程中沦为网络奴隶,沦为自己和他人的手段,不需要思想和情感,个体的目的性、主体性不断丧失,价值理性日益丧失。

其二,沉湎于虚拟空间而远离真实世界,为此也失去真实的自我,真实的人性。部分大学生畅游在网络游戏、虚拟社交圈的虚拟世界,享受虚拟精神家园带来的慰藉和成就感,终日沉迷其中而导致人性异化,"数字化人""两面人""孤独冷漠的人"是网络人的代名词,虚拟与现实的不分,使他们丧失了最基本的事实和道德判断能力。他们在数字化生存中,对价值判断和人文素养的敏感将大为降低,"看见了白杨树,却看不见白杨树的倒影;遥望漫天迷宫般的星斗,却找不到走出迷宫的路;闻到了沙漠玫瑰的香,却懒得去了解它辗转曲折的来历;广义的文史哲几乎被全部遗忘,存身于热闹的网络,却不免感到疏离和孤独。"①

其三,网络色情、暴力的泛滥,诱发大学生的道德失控行为。只要点几下鼠标,几千个色情网络的链接就显现于屏幕,各种网络暴力犯罪成为犯罪的新特征。"网络社会还没有形成统一的道德规范体系,网络行为处于无规范可依的失范状态,并且,由于历史发展、生活习惯和价值观不同,造成无国界的网络行为道德评价标准的多样性,这种多样的道德评价标准与未成形的道德标准存在着这样或那样的冲突。"② 在缺乏监督的网络中,由舆论与情感构筑的道德防线易崩溃,网络社会整体道德原则和规范缺失,自律和他律道德失效,有些大学生由于思想和道德上的不够成熟,容易做出不受道德约束、不受意志控制的行为,甚至恣意妄为、无所顾忌,导致

---

① 乐锋:《理性与躁动——关于青年价值观的思考》,学林出版社 2002 年版,第 217 页。

② 郑洁:《网络伦理问题的根源及其治理》,《思想理论教育导刊》2010 年第 4 期。

恶性膨胀。对大学生"网络规范管理"和"网络语言失范"问题的
调查数据见表 3 和表 4。①

表 3　　　　　　　大学生对网络道德规范管理的态度　　　　单位:%

认同网络 规范管理	认同加强网 络道德建设	对网络信息 持质疑态度	高校应开设网络 伦理方面的课程	同意"遵守现实道德在 虚拟环境中同样重要"
96.3	83.2	83	62.8	57.6

表 4　　　　　　　　大学生对网络语言失范的态度　　　　单位:%

开个玩笑 纯属娱乐	为了释放 内心的压力	别人不文明在 先，我要反击	不予理睬	通过网上呼吁或 举报来制止
9.2	23.1	22.3	35.4	10

可以看出，多数大学生接受诸如开玩笑、减压等某种原因的网
络语言失范行为，也有部分大学生表示在特定情况下自己也会出现
网络语言失范行为，调查中还发现甚至有少数大学生认为网络行为
无须遵守现实中的伦理道德。可见，大学生网络语言失范现象较为
严重，如果没有正确的引导和规范，很有可能会影响到他们现实生
活中的道德行为。

网络道德价值整合的缺乏，使人容易处于一种道德上的分裂、
冲突、无序的状态，道德上的无所适从，随波逐流，甚至恣意放
纵，使人丧失道德意识和道德判断力，以致网络道德认知迷失，道
德的主体性难以确立。这与大学生道德主体渴望培养责任和义务意
识，渴望发展批判性思考的独立人格、形成网络社会新型人格和道
德品质的网络道德价值观的诉求相冲突，对道德规范、道德教育提

---

① 张军辉:《大学生网络伦理现状分析与教育策略研究》,《阜阳师范学院学报》
(社会科学版) 2011 年第 6 期。

出了新的挑战。

（四）教育内容

当前的高校思想政治教育已经形成了以马克思主义为指导，以理想信念教育为灵魂，以民族精神教育为主干，以思想道德教育为基础，以综合素质教育为内容的思想政治教育内容体系。该体系不仅与中华民族的优良传统一脉相承，并且立足中国国情，反映改革开放和现代化建设实践新经验，具有鲜明时代特色，并且紧密结合大学生实际思想水平状况。在思想政治教育内容的具体实施中，有的高校存在重视规范知识教育而忽视情感教育的问题，有的教育者在面临一元指导思想与多元道德选择时不能有效正确处理，思想政治教育内容中较少有与时代伦理精神相关的内容。

1. 重视知识、规范教育与忽略情感教育

一般来说，高校思想政治教育内容主要是教育主体对教育客体进行思想、政治、道德、法律知识和规范的教育，这些教育内容范围广泛、层次分明、结构科学严谨，为开展思想政治教育提供了依据。从伦理视域研究思想政治教育也离不开对人的需要和利益的关注，以"人的需要"为出发点研究思想政治教育的教育内容，主要是探究思想政治教育内容在满足大学生作为"现实的个人"的需要方面的问题，即思想政治教育的内容设置是否从教育客体的情感需求出发？是否把党的路线、方针和政策以及社会所要求的行为规范"灌输"给学生，学生就可以自觉地将其"内化"为自己的心理品质和"外化"为相应的品德行为习惯？也就是说，思想政治教育内容的传授是否能离开客体的情感体验，在思想政治教育中加入情感教育的内容是否更能提高思想政治教育的有效性？

尽管人们实际上总是把这样那样的情感带进自己的生活和劳动中，但在思想政治教育过程中，并不是所有的教育主体和客体都能够自觉意识到道德情感的存在，在思想政治教育内容设置上也缺乏情感因素的渗透。

其一，部分高校在思想政治教育内容体系上注重强调政治功能

而忽视了受教育者的内在需求。有些高校为了应对上级的评估，定位也就存在功利化倾向，追求显性、量化的指标体系，无暇顾及对学生思想政治素质精神层面的追求，忽视对大学生精神的培育和提升，而是用统一的教育内容、整齐划一的评定标准把受教育者培养成同样模式的产品，思想政治教育的政治功能凸显。在经济全球化的时代大背景下，信息源的多渠道，科学技术的日新月异，市场经济体制的建立，人们民主意识增强，主体性觉醒，使受教育者的需求变得丰富、现实，既有物质性需求，也有精神性需求；既有生存性需求，也有发展性需求。思想政治教育内容设置如果过分强调政治性功能而忽视受教育者的多层次需要，便很难在情感上得到支持，没有情感支持的认识不是深刻的认识，因而无法实现思想上的内化，没有内化的提升便难以外化为行动①。

其二，思想政治教育强调知识传授，相对忽视了情感因素的培养，知识成为师生交流的主要纽带。这导致教师与学生之间缺乏情感交流，使学生被动与盲从，认知和情感分离，从而阻碍了身心的健康发展。大学生自我意识强，正处在心理上的封闭和反抗期，教师若用简单强制的方法干预学生，忽视师生情感双向交流的过程，把学生禁锢在一个固定模式里，就难以达到教育的预期效果。

有的高校在思想政治教育内容上与受教育者的需求错位，导致了受教育者对思想政治教育的逆反心理与情感上的疏离，思想政治教育也就不可避免地陷入困境。

2. 一元指导思想与多元道德选择的迷惑

我国高校的思想政治教育内容建立在马克思主义的理论基础之上，马克思主义理论占据一元指导地位。在以往高度集中统一、相对封闭、相对稳定的文化环境里，这种一元价值观为大家所共同接受，它畅通无阻，被当作不言而喻、不证自明的东西，成了一种

---

① 张梅娟：《情感效应：思想政治教育有效性的新视界》，《学校党建与思想教育》2007 年第 4 期。

"集体无意识"，极少引起注意和反思。随着改革开放的深入推进和中国融入世界的进程加速，中国社会的文化环境发生了前所未有的变化，价值观的多元化发展趋势越来越明显，特别是西方国家，借助文化的多元化发展趋势，大肆进行意识形态渗透和文化的"软权力"扩张，"特别是一贯富有使命感的美国，认为非西方国家的人民应当认同西方的民主、自由市场、权力有限的政府、人权、个人主义和法制的价值观念，并将这些观念纳入他们的体制"①，大肆鼓吹"西方文化优越论""世界文化一体化"，消解我国的民族文化，削弱了马克思主义的主流意识地位，这些变化对高校思想政治教育产生的冲击较大。大学生活动的环境和方式发生了重大变化，便开始了对价值观的关注和研究，反思自己所信奉的一元价值观，并自觉或不自觉地对不同价值观加以比较和鉴别，但这个过程是充满矛盾和困惑的，甚至是混乱和逆反的。

一方面，价值观念多元并存，大学生的世界观、人生观、价值观发生扭曲和错位，使有些大学生丧失了对善恶美丑应有的道德判断力，在道德认知、道德实践方面陷入了无法解脱的困境，表现出道德选择的迷惘、价值取向的紊乱、道德评价的失范和道德理想的迷失等现象。②

另一方面，在高校思想政治教育现实中，面对多元价值观的冲击，有些教育者故步自封，没有接收到时代新的知识和信息，有些教育者"谈虎色变""避而不谈"，有的教育者缺乏较强的政治嗅觉以及理论分析和鉴别能力，自身不能对各种文化价值观做出鉴别，并克服各种非主流价值观对自己的影响。因此，在传授思想政治教育内容时，较少有教育者把一元主导价值与多元价值观大大方方地共同摆在课堂上讨论、鉴别，有些教育者能够直面这个问题，却因

---

① 塞缪尔·亨廷顿：《文明的冲突与世界秩序的重建》，周琪、刘绯、张立平、王圆译，新华出版社2002年版，第200页。
② 伍柳氏：《多元价值观对高校思想政治教育的冲击及应对》，《湖南社会科学》2010年第6期。

为理论知识积淀不够而不能把内容讲彻底、以理服人。因此，部分大学生对思想政治教育内容在一定程度上存有偏见，学习积极性不高，在被动接受中参与学习，在消极应付中完成学分，思想政治教育教学处境尴尬，很大程度上流于形式。僵硬的、教条的、固化的教育态度，导致思想政治教育的内容与社会实际严重脱节，在大学生面临道德认知困境、道德选择、价值取向迷惘而最需要指导的时候却缺乏富有启发价值的道德评价。

3. 缺乏与时代伦理精神相关的教育内容

高校思想政治教育是对人的教育管理工作，内在地具有道德性，蕴含着伦理精神。思想政治教育作为一项教育实践活动，在其过程中，不同利益主体在接触和碰撞中产生各种各样复杂的伦理关系，因此，对思想政治教育伦理精神、伦理关系的认识和理解是教育主体开展教育活动的伦理前提。在思想政治教育内容中，对时代伦理精神涉及较少，我们认为增加这部分内容是有益的，原因在于伦理凭着自身的力量不仅可以规范教育管理的行为目标和价值取向，也可以对大学生自身的利益关系以及大学生与社会之间的利益关系起协调作用。高校思想政治教育在经济全球化、文化多元化、教育国际化的现实背景中，如果缺乏对时代伦理精神的及时理解和把握、缺失伦理关怀，将会影响其教育功能的发挥。

（五）教育方法

反思我们的思想政治教育方法，不难发现曾经发挥重要作用的"单向注入的一言堂式讲授"教学方式虽然仍在继续发挥重要作用，但是在全球化、市场经济化、多元文化和网络环境的冲击下，这种教育方式的效果在一定程度上存在弱化的现象。

1. 主、客体伦理关系的变迁对教育方法的影响

教育主体实施思想政治教育时选择何种手段、方式，是与其如何看待自身与客体的伦理关系息息相关的。在社会变迁运动的大背景下，市场经济体制下大学生的主体意识、自我意识不断凸显和加强，他们的价值取向更趋于多元化，选择更自由、更灵活，这些变

化是值得肯定的，在一定意义上代表了社会进步的方向，但是也对大学生与教师的伦理关系产生了影响。在以伦理道德为中心的价值观已经不占绝对统治地位的时代，高校思想政治教育主客体的伦理关系发生了某些微妙的变化。

第一，挑战权威的"冲突的"师生伦理关系。传统的思想政治教育通常是以主体的作用为主导，以灌输为主要教育方式，客体是被动接受和绝对服从，形成的是"我—他"主客体伦理关系。然而随着客体自我意识的凸显、主体性需求的增强，客体日益摆脱盲从和依赖，更加独立和自主。在多元化的社会，价值观、文化信息的各种传播渠道不断涌现，教育主体在信息方面的优势不再，教育优势弱化，但是有些教育者总是企图通过自己的"话语霸权"，来强制学生接受以"社会"名义赋予其合法性的道德价值观。学生虽然代表的不是社会的主流文化，但总是力图维护自己所代表的前卫文化，师生伦理关系发生冲突，主体道德权威受到来自客体的挑战。

第二，与上述冲突的师生伦理关系截然不同的是基于功利原则之上的"和睦融洽"的师生伦理关系。随着市场经济的迅猛发展，大学校园这个曾经的象牙塔，作为最后一块"圣地"被卷入了市场经济的洪流中，商业化、经济化、实用化等思想、观念或显或隐地渗透在校园的各个角落，师生之间的关系也未能幸免，大学师生之间的关系呈现"实用化""功利化"的趋势。有些大学生为了达到自己的目的对辅导员老师采取请客吃饭等方式进行所谓的"感情交流"，而作为思想政治教育主体的辅导员也有部分人对学生的这种明显功利行为并不排斥。从道德教育的角度来说，对学生功利心的纵容是不可饶恕的错误。

从师生伦理关系变迁的这两个方面来看，教育主体在实施思想政治教育时惯常使用的灌输手段是否合理、是否有效、是否需要调整和改进，值得深思。教育主体在对学生功利心纵容的同时是否考虑自身作为教师的以身作则、言传身教的职责，是否意识到在思想政治教育过程的"隐性教育""无意识教育"手段的运用,即使有意识,那么这些手段的运用是否发挥了其应有的积极作用,抑或是起到了负面的、消极的影响,这些问题都值得反思。

2. 多元价值取向需求下传统教育方法略显单薄

目前,高校思想政治教育大多采取传统的"单向注入的一言堂式讲授"的教学方式,这种方式曾经发挥过重要的作用,但是随着全球化、市场经济的发展,在主张多元化、追求多样化、网络全球化、社会信息化的环境下,这种教育方式的优势不再那么显著。目前,高校的大学生多为"95后",在这群青年的身上具有明显的时代烙印。当今社会处于大变革时期,不论是经济成分、经济利益,还是社会生活方式、社会组织形式,以及就业岗位和就业方式等都呈现多样化的发展趋势。这对大学生的世界观、人生观、价值观产生了重大影响。他们对集体和国家的关注呈下降的趋势,崇尚个性自由;把对财富、地位和个人的美好生活的追求作为实现自我价值的评判标准;他们的思维方式和表达方式随着互联网的"风行"也发生了改变,或是沉迷网络、逃避责任,或是获取更多机会发表见解而使民主意识、权利意识、参与意识大为提高。

面对社会的新形势和大学生的新变化,传统思想政治教育以灌输为主要特征的方法显现了某些局限:其一,思想政治教育重在理论说教,忽略了客体的行为实践,检验思想政治教育成果的标准是"分数",并不是受教育者的进步。其二,有些思想政治教育者脱离实际,成为空洞理论的传授者。灌输教育是以教育者的水平高于受教育者的水平为前提的,以一种"上对下"的模式进行,教育者常常自觉不自觉地突出自己的角色地位,从自我的条件和爱好出发,选择灌输的方式和内容,常常忽略受教育者的个性特征。但实际上,"90后"大学生的就业、工作不再依靠也不能依靠国家包办,一切都只有靠自己,因此对集体和国家的关注感减弱,"只唯上"的观念减弱。受教育者要么抵触强制的灌输方式,要么就是被动接受,对教育内容囫囵吞枣,难以内化为自觉理论。更有一些思想政治教育者认为，大学生思想政治教育就是教学生知大事、明大理，因而常常采用的是空谈和唱高调式的教学方法，一味强制地灌输国家至上、集体至上的观念，忽略客体的主体性发展需求。其三，灌输式的教育途径单一，需要多种教育手段的有效整合，积极吸收借鉴相关学科的研究成果，如伦理学、教育学、传播学等，用于指导开展思想政治教育工作。

（六）教育评价

思想政治教育评价是对思想政治教育价值的评价，其本质属性是"价值判断"。本书不着力探讨如何建构科学有效的思想政治教育测评体系，而是从伦理视域出发，对思想政治教育的价值评价行为进行道德解读，其本身是一种反思性的活动。

1. 评价主体一元化倾向

从校内层面来看，多数高校思想政治教育评价主体一般是教育管理部门，如教务处、学工部等；从校外层面来看，评价主体基本是教育管理机构。从参与评价的人员构成上看，两个层面的评价主体都包括具备思想政治教育专业背景的学者。但是，不论是教育管理部门、管理机构还是教育界的学者，这种评价主体的构成都只能称为"一元化"构成，不论是校内还是校外，几乎都是"上级"对"下级"的结论式单向评价，这使评价信息不能闭合式互动并立体覆盖。这是因为与思想政治教育质量最直接相关者——学生以及家长没有作为评价主体受到足够的重视。教育评价是一种价值判断，深受判断主体价值观的影响。评价主体本身的构成代表着一定的教育评价标准，从这个意义上说，评价主体的"一元化"构成，或者说过于单一化的评价主体必然只能代表某一部分人的利益。[①] 思想政治教育评价主体如教育管理部门、管理机构等与办教育的主体是一致的，这如同一个生产商对自己的产品做出评价，容易陷入自说自话、自圆其说的不理性、不客观的境地。

---

① 孙彩平：《教育的伦理精神》，山西教育出版社2007年版，第313页。

不可否认的是，社会作为评价主体的重要性也日益凸显，自从1993年《中国教育改革和发展纲要》提出要"重视了解用人单位对毕业生质量的评价"以来，社会评价开始影响高校思想政治教育的发展方向和实效性检验。思想政治教育不仅主动面向社会，将自己置于整个社会系统中，与经济、政治、文化等现象相联系，传递精神意识，维护社会延续和人的发展，实现思想政治教育的社会价值，思想政治教育培养的人才合格与否也要接受社会的检验和取得社会的认同。这是对思想政治教育评价主体一元化构成的改进，尽管这种改进并不完全、彻底。然而，在评价体系中高度张扬和彰显社会评价的作用，学生仅被看作"适应一定工作岗位"的工具，这一维度的放大无疑会带来教育的工具性、功利性的凸显。思想政治教育要"以人为本"，但恰恰是反映学生本身的感受与变化和家长这一主体满意程度的教育评价却仍处在"呼唤声"中，未能真正实现。思想政治教育评价主体的一元化构成缺乏应有的伦理精神，面临与教育的内在价值要求不相符的问题。

2. 忽略评价主客体价值关系

何为评价客体？学界已有诸多论述，仁者见仁、智者见智，梳理相关论述，大致可以归纳如下。思想政治教育评价客体，从宏观层面上看，不仅指评价整个思想政治教育事业对社会的价值，也指评判思想政治教育具体活动是否实现了其应有的价值，以及实现的程度。从微观层面来看，评价客体不仅是指评价思想政治教育的基本要素在思想政治教育活动中的价值实现结果，也指受教育者的思想品德形成和发展变化情况。

从这些界定来看，既有宏观也有微观，既有整体也有细节，应该说对评价客体的界定是客观、具体的。但是不难看出，上述对评价客体的界定是从思想政治教育评价主体的角度出发的，是单向的、直线的，但事实上，评价客体并不是被动地依附于评价主体，而是积极地进入评价活动。因此，要全面把握思想政治教育价值实现的评价客体，需要从主体—客体双向视角来界定。上述界定忽略价值主客体之间的利益关系、作用关系，缺乏对价值主客体伦理关系的关注，缺乏对其中隐藏的伦理精神的分析和挖掘，不利于全面地把握思想政治教育价值实现的评价客体。反映在思想政治教育现实中，思想政治教育价值评价面临伦理困境。一方面，忽略评价主客体伦理关系就不能正确认识评价客体的能动影响甚至是制约作用，如果仅仅从评价主体出发，只考虑评价主体的主观愿望和标准，难免会使价值评价失去合理性。另一方面，忽略评价主客体伦理关系就不会做出两者应该呈现什么样关系的判断，更不能采取有效方式促成"应该"的关系变成"现实"的关系，并发挥其积极的指向作用。

（七）教育环境

大学校园不是封闭的象牙塔，大学生的思想、道德观念的形成都是外部客观环境影响作用的结果，而且随着外部环境的变迁，已经形成的思想、观念还会随之发生不同程度的动荡变化。"人们的观念、观点和概念，一句话，人们的意识，随着人们的生活条件、人们的社会关系、人们的社会存在的改变而改变。"① 荀子的"蓬生麻中，不扶自直；白沙在泥，与之皆黑"也是表达这个意思。思想政治教育是一个系统工程，环境是其中一个子系统，环境构成也是复杂多样的，比如说多元文化思潮的碰撞、国际国内环境的影响、网络文化的兴起、市场经济的发展等都是构成思想政治教育环境的因素。从环境的分类来看，社会环境包括政治环境、政策环境、经济环境、文化环境、社区环境、网络环境等。其中文化环境包括伦理道德环境、历史环境、传统习俗环境等要素。从伦理视域审视思想政治教育环境，是对思想政治教育得以在其中展开的社会环境的一般道德状况进行探析，也可以说是对思想政治教育的社会环境中的伦理道德环境的探讨。之所以对伦理道德环境进行探讨，是因为伦理道德素质是大学生素质体系中的基础要素，也是一个合格大学

---

① 《马克思恩格斯选集》第一卷，人民出版社1995年版，第291页。

生的基础素质。伦理是人与人相处的道理、为人的道理，也指人类社会生活关系中正当行为的道理和法制，也可以说是人类社会生活的秩序、行为、规则及合理行为的规范。① 道德主要指以一定社会经济关系为基础，以善恶为标准，依据社会舆论、内心信念和风俗习惯评价人们行为方式和生存状态的一系列价值观念和行为准则的总和。伦理道德素质是大学生思想政治教育的核心内容，如果没有伦理道德素质为载体和支撑，我们培养出来的大学生不仅谈不上是全面发展人才，就连基本有益于社会的公民都算不上，而且还可能成为社会的危险分子、投机分子。因此，大学生成才首先就要掌握一定的伦理规范和道德标准。

要培养大学生的伦理道德素质，为大学生创设一个优良的社会伦理道德环境就尤为重要。目前，我们的社会中存在种种与和谐社会主义社会的伦理规范和道德准则不协调的现象，主要表现在以下几个方面。

1. 社会价值取向多元化的道德困惑

社会价值取向的多元化，其原因来自多方面。一是经济方面的原因。随着我国改革开放的深入推进和市场经济体制的建立，原有的单一的公有制经济结构发生了重大变化，形成了多种所有制结构、多种经济成分、多种分配方式在市场竞争中共同发展的局面，社会阶层的不断分化，产生了多种利益群体和不同的社会阶层。如同马斯洛需求层次理论所阐释的，物质是人的需求的最低层次，市场经济极大地激发了人们本就隐藏最深的对物质利益的渴求和欲望。不同的利益主体有不同的标准，致使价值标准出现多元化，价值取向多元化。

二是文化方面的原因。其一，大众文化的流行，在促进中国文化的繁荣发展、满足了人们多样的文化需求的同时，由于其固有的

---

① 杨礼富：《论大学生思想政治教育环境体系构建的原则》，《学校党建与思想教育》2011 年第 5 期。

庸俗化、商业化、娱乐化特征，容易导致人们远离高雅文化、美丑难辨，不仅如此，主流意识形态在一定程度上丧失了被需求的空间，人们应有的政治信仰、道德追求被简单、庸俗、刺激的娱乐代替。其二，西方文化的引进和渗透，在一定程度上使社会滋生了一种对西方文化盲目推崇的心理，也导致了人们对主流意识形态的抵触。伴随着经济全球化进程日益加快的步伐，西方文化的渗透对我国传统的思想观念产生了强烈的冲击，西方文化固然有先进的部分，也有不利和有害因素，诸如享乐主义、色情文化、实用主义、颓废主义等，必然对人们的行为、价值观念、伦理道德等产生巨大的负面影响，多种文化共存，相互影响、相互碰撞，展现了纷繁复杂的思想态势。更何况，西方国家"西化""分化"中国的图谋一直没有停止，其主要的策略和手段就是通过文化渗透，力图用西方文化的霸权来对抗主流意识形态的灌输和影响。如果缺乏清醒的认识和足够的警惕，难免会自觉或不自觉地受到西方文化的影响，从接受到盲目推崇甚至是亲身践行，都存在发生的可能。在以往社会主义计划经济背景下，长期稳定地实行和发展一元文化，更多源于国家政治、文化环境的因素，市场经济背景下，多元文化在复杂交织冲突中共存。这些大小不等、方向各异、作用不同的多元文化必然造成社会价值观取向的多元及困惑。

不论是经济原因还是文化原因，社会转型从根本上导致了人格的转型，即从依附性人格转向独立性人格，社会开始尊重个人的独立选择，赋予个人更多的道德选择的自由。人们的社会价值取向日趋多元化，人们的多元化社会需要、多层利益，必将导致相应的社会道德规范的多元化、多样化、多层次，从社会道德的发展趋势来说是从一元道德到多元道德。

环境的变化也影响着高校思想政治教育的开展和实效，社会价值取向多元化导致社会道德发展多元化的趋势给高校思想政治教育带来了新的挑战。多元价值固然体现了对学生个人选择的尊重，但是部分大学生在面临社会转型背景下的多元文化、多元价值观、多元道德的发展变迁时，却往往因为不明了"价值的个体性与共识性的统一"，不可避免地表现出选择上的困惑和矛盾，而由于缺乏坚定的信念与意识，在多元妥协中模糊了基本的道德价值观念，导致自我道德失衡。

2. 市场经济发展中的道德危机

伴随着社会主义市场经济的自主、进取精神的显现和盛行，社会成员的个体意识日渐觉醒，平等、竞争的市场意识对促进社会道德观念的进步起到了推动作用。但是市场经济对物质诱惑的激励也导致了物欲、私欲极端膨胀的道德失范现象的发生。"经济改革给中国的公共生活带来了意味深远的变化，如今，共有的价值体系已名存实亡，生活的伦理秩序失去了一致性，各种利益行为的冲突和某些极端的利益行为已在把社会推向道德失序状态。"[1] 以往传统道德规范的调节和引导意义减弱。"伴随经济发展而来的却是，我们又面临着精神和道德的深重危机。这种唯经济主义不仅在实践中将道德放逐出境，更从理论上将之打入地牢。"[2]

追究市场经济道德失范的深层次原因，主要在于将功利价值最大化、绝对化，忽略了道德对功利的规范、引导和保障。市场经济下无数利益相对独立的经济行为主体，往往以利益最大化为唯一目的，陷入对利益的无止境的追求之中。市场经济社会往往以人的物质财富多少来衡量人的成功和地位，受到这种畸变的价值评价标准的影响，人们的世界观、人生观、价值观发生了一系列变化，往往为物欲所驱使，为金钱所奴役，功利主义泛滥。而道德，其本身的崇高价值又无法抵制金钱货币的冲击，这样，道德就会被悬空，个人主体的行为已经不受道德的约束，在个人的物质欲望被演绎到极致时，人们无暇顾及对社会利益的考虑和人类的终极关怀，如此，道德本身已失去了意义。无怪乎有学者发出感叹：人们真切感受到

---

① 刘小枫：《现代社会理论·绪论》，上海三联书店 1998 年版，第 517 页。
② 鲁洁：《当代德育基本理论探讨》，江苏教育出版社 2003 年版，第 132 页。

道德行为的失范，道德规范的漂移，道德文化的断裂，道德价值取向的紊乱，乃至道德的沦丧与危机。①

市场经济发展中的道德失范对高校思想政治教育也带来新的挑战，就大学生而言，市场经济的发展难免对大学生产生一些消极影响。由于市场经济是一种自由开放、逐利性经济，各利益主体自由独立，在功利价值最大化原则下，他们在追求利益的过程中主观能动性得以充分发挥，但往往忽视市场规则，为所欲为，扰乱整个市场经济秩序。这些不负责任、不诚实、不守信用、唯利是图的现象给大学生带来极坏的影响，促使大学生滋生自由主义、拜金主义、享乐主义和利己主义的思想，集体主义观念淡薄、纪律性差、社会公德缺失。于是在当今一部分大学生中存在迷茫、困惑、郁闷的思想状况，他们茫然不知所措，困扰不知所解。这些大学生之所以存在这些心理现象，其根源就在于面对这个市场经济发展的社会，面对整个社会的浮躁心理，片面地、过分地追求功利。

就高校而言，在针对市场经济道德失范现象所进行的道德教育方面也面临困境和考验。首先，市场经济承认多元主体的多元价值，反映在人们的思想领域就是人们的思想观念和价值取向的多元化。多元主体要求实现多元物质利益，各种价值之间的冲突加大了建立在现有经济基础之上的思想政治教育的难度。其次，市场经济的盲目性降低了思想政治教育的说服力。在市场经济中，各利益主体追求各自利益的最大化，只重视个体利益、局部利益，而在一定程度上淡化了全局观念，忽视了整体利益，这在一定范围内滋生了无政府主义和分散主义，降低了思想政治教育的说服力，影响其教育效果。最后，市场经济中存在的拜金主义等道德观念扭曲现象使思想政治教育难度加大。市场经济过分强调物质利益，引起了人们世界观、人生观、价值观的一系列变化，在一定范围内滋生了拜金主义、享乐主义、个人主义等道德观念扭曲现象和坑蒙拐骗、偷税

---

① 鲁洁：《当代德育基本理论探讨》，江苏教育出版社 2003 年版，第 168 页。

漏税等不良行为，给思想政治教育工作增加了难度。① 高校思想政治教育由此面临着困境和尴尬境地。一方面，思想政治教育者进行着大公无私、勤劳奉献、集体主义和全心全意为人民服务的教育；另一方面，社会上极端个人主义、拜金主义等道德观念扭曲现象盛行，大学生周围的一些人为了各种私利做着与道德要求格格不入的事情。这就必然使大学生感到迷茫、困惑、失望，对思想政治教育传授的理想信念失去信仰，对社会现实感到失望，思想政治教育从而面临讲授的德育理论与社会现实严重脱节的困境和尴尬。

3. 网络浪潮冲击下的道德失范

网络社会是高校思想政治教育面临的新环境。网络凭借其特有的功能和技术优势，为开展思想政治教育活动提供了形式多样、内容丰富的手段，有助于思想政治教育提升工作魅力和接受度，这是传统思想政治教育并不具备的条件。但是伴随着网络社会给人们的主体意识和自由行为带来前所未有的扩展和张扬，再加上通常的情况是"对媒介来说，在商业利益与道德原则之间进行选择，无疑是一个重要的考验。在许多情况下，选择了商业利益就意味着放弃道德原则，而恪守道德原则则意味着要牺牲商业利益"，因此，网络、媒介不仅冲击着人们的生存方式、生存观念、交往观念，而且，网络社会的消极因素给大学生思想政治教育带来的负面影响，也无法回避人们的思想道德意识和行为的混乱与无序的现象也日益显现出来。

一方面，与传统道德相比，网络道德呈现一种更少封闭性、更多开放性，更少依赖性、更多自主性的特点与趋势。在虚拟的网络空间，凭借虚拟的网络身份，人们的个性和思想得到前所未有的解放与张扬。网络交往面的扩大，交往层次的增多，交往内容的日益丰富、复杂，在交往过程中，人们的道德需要、道德意识必然日益觉醒，人们必然要认真地思考，人们的责任、义务和权利意识必然

---

① 万光侠：《思想政治教育的人学基础》，人民出版社 2006 年版，第 309 页。

被唤醒，这为网络主体地位的确立提供了积极的条件。① 网络主体的行为得到充分自由的实现，人们可以通过各种网络论坛、微博发表自己的思想和观点，可以通过网络即时发布各种信息，包括自由集结产生有益的、积极的网络救助行为，或是对社会不良现象、不道德行为进行揭露和昭示。因此，从个体道德的发展趋势来说，网络道德的走向是"从依赖型道德走向自主型道德""从封闭型道德走向开放型道德"。另一方面，网络空间新旧道德规范并存、交织冲突，再加上网络空间的自由行为的无限放大，很容易滑向绝对自由的陷阱，导致网络主体道德失范现象的发生，如谩骂、人身攻击、网络诈骗、网络色情等。网络主体的道德失范常常伴随着道德冷漠。由于人对网络的依赖关系日渐加深，当这种关系取代人与人之间的依赖关系时，人们的孤独感随之而来，道德冷漠现象就不可避免地发生了。

网络浪潮冲击下道德的失范对高校思想政治教育也是新的考验。大学生道德发展正好处在由"他律"向"自律"转化的过程之中。然而，在他们还没有完成这个转化时，便匆忙地进入了网络世界。因为他们的自主、自立型道德还未建立，不能有效地对网络道德失范行为进行反省和更正，很容易造成思想混乱和道德滑坡。有调查显示，65%—80%的大学生不同意或基本不同意"网上聊天只要不造成人身和财产损害，就不须恪守现实中的伦理道德"②。也就是说，还有20%—35%的大学生认为网上行为可以不受伦理道德的约束。大学生网络道德失范的现象暴露了网络道德教育缺位的问题，这一问题的显现对高校思想政治教育提出了挑战。

① 张震:《网络时代伦理》，四川人民出版社2002年版，第202页。
② 贺希荣:《道德的选择——来自大学生心灵的报告》，人民出版社2006年版，第21页。

第四章　周秦伦理文化融入思想政治教育的价值意义

　　将优秀传统文化与当前思想政治教育有机融合，是思想政治教育学科发展的重要方向之一。以中国传统文化为特色，是优化思想政治教育文化生态的重要保证。在构成我国当代思想政治教育文化生态的各种文化形式中，周秦伦理文化无疑是最为重要的教育资源来源之一。周秦伦理文化积淀了丰富的道德学说，形成了较为完备的传统道德教育体系，为我们当前的思想政治教育提供了目标、原则、内容以及方法等方面的丰富资源，思想政治教育不应该也必然不能离开其所处的由我国悠久的历史所积淀的浓厚而优秀的传统文化环境。

一　传统文化融入思想政治教育的必要性

　　人类的任何活动都离不开其所处的文化环境，思想政治教育作为一种以"育人"为目标之一的教育实践活动同样离不开其所处的整体文化环境，正因如此，文化性不言而喻也成为思想政治教育的重要特征之一。从本质上说，传统文化与思想政治教育的关系是一种"融合"关系。这种"融合"关系的实质是以思想政治教育为"今"、以中国传统文化为"古"的"古"为"今"用的关系，即在思想政治教育中对中国传统文化进行传承创新的关系。尽管如此，我们对于"融合"的界定不应停留于此，而应做更为深入的系统分析。从主体视角来说，融合过程是一种"理性阐释"的过程，即思想政治教育工作者客观理性地对待中国传统文化，取其精华，去其糟粕，不能采取极端主义的做法；从对象视角来说，融合过程是一种"人性构建"的过程，能够遵从人的自然天性，促进人的健康成长，满足人的发展需求；从方向视角来说，融合过程应该是一种"良性互动"的过程，思想政治教育促进中华优秀传统文化的传承与创新，中国传统文化促进思想政治教育工作取得实效；从方式视角来说，融合过程是一种"隐性渗透"的过程，无论是中国传统文化对于思想政治教育的影响，还是思想政治教育对于中国传统文化的影响，大多是润物无声、不知不觉的；从环境视角来说，融合过程是一种"适性创新"的过程，也就是二者相互影响的性质、内容、方式会随着环境的变化而不断改变，不会一成不变。

（一）思想政治教育自身发展的内在要求

近代以来，中国人民经过长期的努力探索也的确找到了马克思主义作为自己的指导思想，我国思想政治教育事业必须坚持马克思主义的指导方向。然而作为一种产生于中国本土之外的理论学说，虽然马克思主义已经超越了民族与地域的限制而成为"放之四海而皆准"的真理，但它不可能直接为中国的革命和建设事业提供具体的路线、方针和政策。我们知道，经过数千年的发展，中华民族有着辉煌的文化创造和深厚的历史积淀，并且形成历经数千年的绵延发展而从未中断过的中国传统文化，其影响力体现在广大中国民众日常的行为方式、思维模式、道德规范以及价值取向等诸多方面。因此，我国思想政治教育应该且必须尊重中华民族历经数千年延传下来的文化传统、行为方式、思维习惯以及价值取向等，批判性地继承、吸收并融合具有鲜明民族特色的中国传统文化。只有这样，马克思主义才能真正中国化，我国的思想政治教育事业也才能在马克思主义基本原理和基本方法的指导下得到进一步的创新发展。

在我国，思想政治教育作为一种教育实践活动，其根本目的是提高人的思想道德素质，促进人的全面自由以及自主发展，激励人们为建设中国特色社会主义，最终实现共产主义而奋斗。人的全面自由发展自然而然地包含了文化素质的要求，因此，思想政治教育离不开对文化的关注。然而从我国思想政治教育的整体发展过程来看，我国当代的思想政治教育基本上偏重于政治性而忽视其文化性，从而"导致思想政治教育资源的单一化和教育形式的呆板化，思想政治教育本应具有的文化含量的丰富性与不断提升性在有意无意中常常为我们忽略"，其结果便是"本可生动活泼的思想政治教育读物有时成为政策、文件、语录的简单汇编与转述，本可情趣盎然、文采飞扬的思想政治教育有时成为枯燥空洞的政治说教与道德说教"。① 这种文化性的缺失，不仅使思想政治教育资源日趋有限，也削弱了思想政治教育的育人功能，进而阻碍了思想政治教育的进一步发展。中国传统文化作为一种崇德型文化，在长期的历史发展过程中汇总形成了"文化化人"和"文化育德"的优良传统，使其自然而然地成为思想政治教育重要资源的来源之一。因此，我国的思想政治教育要进一步发展创新，就必须重视其文化性，必须从中国传统文化中有选择地汲取更加丰富的教育资源。换言之，中国传统文化与思想政治教育相融合，是思想政治教育自身发展创新的内在要求。

（二）"文化自觉"与"文化自信"的要求

所谓"文化自觉"，是指"生活在一定文化中的人对其文化有自知之明，明白它的来历、形成过程、所具有的特色和它发展的趋向，不带任何文化回归的意思，不是要复旧，同时也不主张全盘西化或全盘他化"②。换言之，即是文化的自我觉醒、自我反省、自我创建，所谓"文化自信"，则是指一个国家、一个民族、一个政党对其自身文化传统和内在价值的充分肯定，对其自身文化生命力的坚定信念。

---

① 沈壮海：《关于思想政治教育的文化性》，《思想理论教育》2008 年第 3 期。
② 费孝通：《反思·对话·文化自觉》，《北京大学》（哲学社会科学版）1997 年第 3 期。

　　世界上任何民族的传统文化都有其积极的方面，同样也有其消极的方面，"一个民族的文化能否实现自觉和自信，很大程度上取决于对传统文化扬弃的客观与科学态度"①。可以说，对传统文化的理性批判、合理继承、勇于创新正是"文化自觉"的本质要求。也就是说，一个民族能否对其自身的传统文化进行客观的评价和认识，关系着一个民族"文化自觉"的实现与否。中国传统文化是勤劳善良的中国人民在长达五千年的中国社会发展中创造出来且从未间断过的，这在世界文化史上是独一无二的。它不仅标志着中华民族对人类文明和历史的卓越贡献，也是中华民族区别于世界上任何其他民族的鲜明文化身份和基本族群特征。只有认识、理解、接受并内化中国传统文化，我们才能理解自己民族身后的历史底蕴，也才能知晓我们是从哪里来，并对我们现在的生活和未来的美好图景进行规划。反之，如果失去对中国传统文化的认同与理解，我们必定会失去对自己民族文化身份的认同和归属感，进而导致我们思想文化上的无家可归。因此，对数千年来世代延传下来的中国传统文化能否进行客观的评价、认识和科学合理的扬弃，关系着中华民族"文化自觉"的真正实现与否。那种轻率地对中国传统文化全盘否定或异化的态度与做法，无异于对我们自身文化血脉的莽撞割裂，很容易造成中华民族的文化断层或文化"无根"现象的产生。20世纪六七十年代中国社会所爆发的"文化大革命"和80年代的"全盘西化"就是如此，它不仅对中国传统文化造成了严重破坏，导致对中国文化自身血脉的巨大撕裂，造成了整整一代人对中国传统文化在认识上的断层和意识上的普遍忽视，更谈不上对中华民族"文化自觉"的真正实现。因此，当前我国思想政治教育的重要任务之一，就应该是在马克思主义的指导下，按照"取其精华，去其糟粕"的原则，充分肯定中国文化传统的内在价值，坚定中国传统文

① 孙燕青：《文化自觉与文化自信视野下的传统文化定位》，《哲学动态》2012年第8期。

化的自信心，努力挖掘中国传统文化的当代价值，不断包容借鉴其他外来文化中的优秀精华并将其吸收内化，使中国传统文化和现代思想政治教育优化整合，从而实现中国传统文化的现代转化和创新发展，进而真正实现"文化自觉"与"文化自信"。

（三）形成和发挥文化软实力的基本保证

文化软实力是指一个民族、国家或地区的文化影响力、凝聚力和感召力，是国家软实力的核心因素。这是因为，文化作为一个国家的灵魂或血脉，凝聚着这个民族对世界和生命的历史认知和现实感受，积淀着其最深层的精神追求和行为准则，并承载着整个民族自我认同的核心价值取向。就一个民族或国家自身的发展来说，文化软实力主要表现为一种精神上的整合力，它有利于国家凝聚力的形成和民族性格的养成，有利于促进民族团结、国家统一、政权巩固和文化自信。一个国家如果对本民族或本国的传统文化缺乏自信，忽视自身文化软实力的开发和建设，那么就等于放弃了本民族与本国的文化主权，其结果自然会导致本民族或本国人民价值取向的混乱，以及精神家园的丧失，甚至民族的离散和国家的分裂。因此，作为一个由 56 个民族组成的统一的多民族国家，加强对五千年来绵延发展而从未中断过的中国传统文化软实力的开发和建设，充分发挥其对全国各族人民的思想教育和价值引导作用，就显得尤为重要。

我们知道，中国传统文化和世界上其他民族的传统文化一样，是"植根于民族的土壤中，从总体上反映和代表着一个民族或社会的思维方式、价值观念、伦理道德，体现在人们的生活方式、风俗习惯、心理特征上，内化、积淀、渗透于每一代社会成员的心灵深处，往往凝聚为民族特有的国民性格和社会心理"[1]，作为一种注重道德教化的伦理型文化，中国传统文化自身就具有显而易见的能动

---

① 李秀林、王于、李淮春主编：《辩证唯物主义和历史唯物主义原理》（第五版），中国人民大学出版社 2004 年版，第 121 页。

的思想政治教育功能，而我国思想政治教育本身所具有的文化属性和民族属性也使其无法离开五千年来中国传统文化留下来的优秀精华。因此，中国传统文化软实力要最终实现其对外的亲和力、渗透力以及对内的凝聚力和塑造力，则必须通过思想教育和引导的方式来进行和完成，中国传统文化和思想政治教育的有机融合正是中国传统文化软实力得以形成和充分发挥的基本保证。

（四）探索思想政治教育新路径的必然选择

思想政治教育具有文化属性，需要以文化为依托。中国传统文化与思想政治教育相融合，是应对目前思想政治教育存在的困境，探索思想政治教育新路径，提高思想政治教育实效性的必然选择。当前在全球化时代背景下，多元文化并存态势越来越明显，大学生的价值观念、思维方式和行为方式都较以前发生了剧烈变化，这对高校思想政治教育提出了严峻挑战。

一方面，目前我国大部分高校的思想政治教育主要还是通过课堂教学来进行，而且在思想政治教育课堂教学过程中，教学内容枯燥，授课模式单一，往往采用社会学、心理学等学科方面的知识与技术，表面化和浅显化地临时解决问题，而对中国传统文化的挖掘和运用不够重视，即使运用中国传统文化为依托，也大多停留在"机械融合"或"单纯说教"式的灌输层面，没有深入考察中国传统文化的实质内涵、时代背景、阶级立场等因素，这些都使中国传统文化在思想政治教育中的运用和渗透非但没有达到预期效果，甚至在某种程度上淡化了学生的民族自信心与自豪感，削弱了中国传统文化在思想政治教育中的重要应用价值，思想政治教育的有效性也大打折扣。

另一方面，当前在全球化时代的背景下，多元文化交流频繁，并存态势日趋明显，各种价值观论调不可避免地对大学生的生活态度、思想观念产生严重影响。很多学生既没有真正了解外来文化、思想、观念之精髓，又没有深刻领会中国传统文化、思想、观念之精髓，加之对共产主义理想信仰的怀疑与不屑，因此，在多元文化的碰撞中，他们的价值观极容易走向偏激或急功近利；在学习上他们只重视能够谋生课程的学习，而忽视精神层面的储备，对思想政治教育课程也不屑一顾；在生活上他们更愿意追求金钱与物质的利益；在精神上他们则只考虑自己，不考虑集体和他人，缺乏对共产主义的理想与信仰，缺乏对人生目标的冷静思考，缺乏对良好的道德品质和人格修养的追求等。我国以往惯常以说教和灌输为主的思想政治教育模式，无法及时对这些问题提出行之有效的解决方法，而中国传统文化中的精华也因大学生对其的了解与掌握知之甚少而无法发挥其在思想政治教育中应有的积极价值作用。

因此，要真正发挥中国传统文化在高校思想政治教育过程中的价值作用，摆脱高校思想政治教育所面临的困境，我们必须具有高度的文化自觉意识，探索建立中国传统文化与思想政治教育有机融合的最佳机制。

二　周秦伦理文化融入思想政治教育的可行性

中华文明的历史非常久远，但对后世影响最大，用文字和理论形态表述的观念文化则源于周秦时期，周秦文化可以说是中华传统文化的源头和高地。形成于这一时期的诸如和而不同、自强不息、厚德载物、居仁由义、孝悌为本、忠勇诚信等伦理思想、道德规范就构成了周秦伦理文化的精华和内核。周秦伦理文化与思想政治教育在教育目标设置方面都直接指向人，指向人的思想道德素质的提高，同时它们在目标的最终指向属性上都回归到政治属性上，这体现了二者目标的一致性；除了在目标设置与指向属性上有着一致性之外，周秦伦理文化与思想政治教育在内容方面也存在许多相通相合之处；而二者在教育模式方面的不同，则使二者有了很强的互补性。这些都为周秦伦理文化与思想政治教育之间相融合创造了重要的可能性条件。

（一）价值观契合

社会主义核心价值观是社会主义核心价值体系的内核，其基本内容包括：倡导富强、民主、文明、和谐；倡导自由、平等、公正、法治；倡导爱国、敬业、诚信、友善，积极培育社会主义核心价值观。其中，富强、民主、文明、和谐是我国在社会主义初级阶段的奋斗目标，体现了社会主义核心价值观在发展目标上的规定，是立足国家层面提出的要求；自由、平等、公正、法治体现了社会主义核心价值观在价值导向上的规定，是立足社会层面提出的要求，反映了社会主义社会的基本属性，始终是我们党和国家奉行的核心价值理念；爱国、敬业、诚信、友善体现了社会主义核心价值观在道德准则上的规定，是立足公民个人层面提出的要求，体现了社会主义的价值追求和公民道德行为的本质属性，社会主义核心价值观三个层面的要求也为我国的思想政治教育指明了方向，它要求思想政治教育必须在理念上进行全面的更新，树立"以人为本"的教育理念，体现在思想政治教育实践中就是要以个人的发展需求为本，教育内容要以社会主义核心价值观为主导，教育方法要尊重个体差异，教育途径要吸纳隐性教育的优势等。

而周秦伦理文化中厚德载物、贵和持中、进取包容、谦敬礼让、居仁由义、求真务实等内涵丰富的价值观念，正是我国现阶段社会主义核心价值观的重要理论来源和发展动力。可以说，周秦伦理文化所倡导的价值观念与我国当前的思想政治教育所倡导的社会主义核心价值观有许多相契合之处，这也是二者相融合的重要条件之一。当然，这并不是说周秦伦理文化倡导的所有价值观念都是正确且适合我国现阶段的思想政治教育状况，因此我们应该秉承批判与继承的态度来区别对待、使用它们。

（二）目标一致

我国思想政治教育的根本目的是"提高人们的思想道德素质，促进人的自由全面发展，激励人们为建设中国特色社会主义、最终实现共产主义而奋斗"①。这一根本目的包含两个方面的内容，一是提高人们的思想道德素质，如崇高的理想、优良的品德、强烈的事业心、责任感、坚强的毅力、严格的纪律等，这是我国思想政治教育的内在目的；二是促进人的自由全面发展，这是我国思想政治教育的终极目的。这两个方面的内容构成了我国思想政治教育的根本目的，是思想政治教育的灵魂和旗帜，直接规定了思想政治教育的共产主义方向。而周秦伦理文化作为以德摄智型的伦理型文化，以德育人、注重伦理道德则是其显著特征。"传统思想文化的重心，是伦理道德学说。传统思想文化的突出特点和优点之一就是它的道德精神，故我国素以'礼仪之邦'著称于世"。② 首先，中国传统文化之儒家经典《大学》开篇便提出了思想教育的根本目标，曰："大学之道，在明明德，在亲民，在止于至善。"③ 这即是在阐明思想教育的目标就是发扬光明美好的道德，使人都能主动去除污染而自新，最终达到并保持完美之善的境界。其次，周秦伦理文化特别注重对圣贤人格的追求。按照儒家经典《论语》的原则，传统的人格理想可以划分为三个层次。第一个层次为圣人，这也是中国传统文化中理想人格的最高目标和境界。孔子认为真正的圣人必然是实现道德圆满的统治者，是圣与王的统一，也即内圣而外王。第二个层次为君子，即对美好道德的自觉追求者和体现者，这是理想人格的核心要素。第三个层次为士或成人，即能遵守礼仪规范者、注重人格尊严者，这是理想人格的基本标准。这种对理想人格的追求也体现了周秦伦理文化对人们道德品质的理想追求和总体要求。由此可见，我国思想政治教育与周秦伦理文化在目标设置上都指向人，指向人的思想道德素质，都将对人的思想道德素质的培养和提高放

---

① 陈万柏、张耀灿主编：《思想政治教育学原理》，高等教育出版社 2007 年版，第73 页。

② 张锡林、孙实明、饶良伦：《中国伦理思想通史》，黑龙江教育出版社 1992 年版，第 1 页。

③ 朱熹撰，陈立校点：《四书章句集注》（一），辽宁教育出版社 1998 年版，第 1 页。

在首要位置，体现了二者在育人目标上的一致性。

（三）内容相通

从周秦伦理文化和思想政治教育各自所包含的内容来看，也存在许多相通相合之处，二者之所以能相融合，与两者之间存在的这种相通相合之处有着密切关系。

周秦伦理文化中的"大同思想"与思想政治教育中的理想教育存在相通相合关系。思想政治教育中的理想教育是以共产主义理想为核心的理想教育。在马克思所描绘的共产主义社会里，没有私有制、没有阶级、没有国家；财产社会公有，人人地位平等；大家各尽所能，各取所需；人性得以充分发展。而在中国第一部诗歌总集《诗经》中，人们就有追求公平、幸福的"乐土""乐国""乐郊"的期待；在《春秋公羊传》里，也有"衰乱世，升平世，太平世"的三世说，而两千多年前的孔子则在《礼运·礼记》中为我们描绘出了一个更为具体而美好的大同世界。在这个世界中，人人平等，亲密无间，人尽其才，物尽其用，个人与社会浑然一体。到了近代，洪秀全则倾全力构建"太平社会"，康有为著就《大同书》，对未来的大同盛世进行展望，并对青年毛泽东产生重要影响，以至于后者在 1917 年便提出"大同者，吾人之鹄"[1] 的观点。孙中山也明确地指出了中国传统文化中的大同世界与社会主义苏联的一致性。他说："在吾国数千年前，孔子有言曰：'大道之行也，天下为公。'如此，则人人不独亲其亲，人人不独子其子，是谓大同世界。大同世界即所谓'天下为公'。要使老者有所养、壮者有所营、幼者有所教。孔子之理想世界，真能实现，然后不见所欲，则民不争，甲兵亦可以不用矣。今日惟俄罗斯新创设之政府，颇与此相似。"[2] 后来，他还认为未来的共产主义"就是孔子所希望的大同世界"[3]。由此可见，周秦伦理文化中的"大同理想"与思想政治教育内容中的

---

[1] 《毛泽东早期文稿》，人民出版社 1990 年版，第 89 页。
[2] 《孙中山全集》（第六卷），中华书局 1985 年版，第 36 页。
[3] 同上书，第 394 页。

共产主义理想存在一定程度的相似之处，这种相似性的存在使中国先进的知识分子更容易理解和接受马克思主义的共产主义理想，从而促进了其在中国的传播。

周秦伦理文化中朴素的唯物辩证法思想与思想政治教育中最根本性的教育内容也即科学的世界观教育之间也有相通相合之处。思想政治教育中的世界观教育包括辩证唯物主义两个方面的内容。辩证唯物主义以世界的物质同一性为基础，以辩证法为方法论，以对立统一、质量互变与否定之否定三大规律为主干，坚持人类社会由简单到复杂、由低级到高级的螺旋式上升和波浪式前进的历史辩证法。历史唯物主义则揭示了人类社会发展变化的终极原因是经济因素，并由此强调了社会存在对社会意识的决定作用，物质生产对社会发展的基础作用，以及人的实践对社会发展的推动作用。而春秋战国时期的儒、法、墨各家均比较重视"经世致用"，着眼于从物质生产条件以及民心向背的角度来思考历史的兴衰更替，着眼于从人民的物质生活出发来研究社会的道德与文明。春秋时期的管仲提出了"仓廪实则知礼节，衣食足则知荣辱"① 的观点，认为社会物质条件是人民群众精神生活的基础。孔子提出的"庶之、富之、教之"的思想则解释了人口的繁衍、社会财富的增加、人民生活的富足和道德教化取得成效之间的决定关系。由此可以看出，周秦伦理文化中的这些观点其实与历史唯物主义的观点有着相通相合之处。除此之外，道家文化中还蕴藏着朴素的辩证法思想。道家学派的创始人老子提出了"万物负阴而抱阳，冲气以为和"② 的观点，意即任何事物都有对立的两个方面，即"阴""阳"二气，这两个方面在相互作用中实现统一之"和"。儒家经典《周易》中"一阴一阳谓之道"、"刚柔相推而生变化"③ 等观点意在强调阴、阳和刚、柔对立面的相互作用对于事物发展变化的推动作用。宋代的张载也认

---

① 《管子·牧民篇》。
② 《老子·第四十二章》。
③ 《周易·系辞上》。

为"一物两体，气也。一故神，两故化，此天地之所以参也"①，意
在强调矛盾双方对立统一的关系。基于以上分析，我们可以看出，
周秦伦理文化中所蕴藏的朴素的唯物辩证法思想，与辩证唯物主义
和历史唯物主义之间在价值定位和思想倾向上也存在相通相合之
处。可以说，正是由于周秦伦理文化与思想道德教育内容之间的这
种相通性，才使二者有了相融合的可能性。

（四）教育模式互补

思想政治教育的方法多种多样，有理论灌输法、实践锻炼法、
自我教育法、榜样示范法、比较鉴别法、咨询辅导法等，其中理论
灌输法是思想政治教育最主要、最基本的方法。作为一门意识形态
色彩极为强烈的科学，思想政治教育自然需要通过理论灌输法来对
受教育者进行马克思主义理论教育。不过在我国以往的思想政治教
育实践中，长期以来对其德育功能尤其是意识形态功能的过分强调
而对其文化功能缺乏应有的关注，这就使思想政治教育一直偏重于
简单空洞的理论说教和意识形态的直接灌输；不仅如此，在思想政
治教育过程中，思想政治教育工作者往往也不考虑受教育者的具体
情况，不分层次，不问对象，经常采用"我讲你听""我说你做"
"我令你止"等居高临下、简单粗暴的教育方式，受教育者则只是
消极被动接受而非积极主动去内化吸收这些科学理论，这就使思想
政治教育工作显得呆板枯燥、索然无味，思想政治教育的实效性也
大打折扣，思想政治教育也难以适应新形势的发展要求。

思想政治教育对意识形态的过分强调使其自身的文化属性和人
文精神受到遮蔽。传统的教育方式则正好弥补了现代思想政治教育
模式的不足。中国传统文化注重渗透而非灌输，强调"以文化人"，
受文化影响而形成的个性品质、思想观念、行为模式等内化、积
淀、渗透于社会成员的灵魂深处，很难改变。其次，传统文化注重
引导人内心深处的自觉意识，引导人们通过"自省""内省""慎

---

① 张载：《正蒙·参两》。

独"等内在自省的方式来反思自己的思想和行为中的不足与过错，进而使人们在认识上达到真正的"知"，不断提升自身的道德修养，使自己不断接近圣人的道德境界。不过以自觉内省方式来提高自身道德修养最终是为了付诸道德实践。再次，传统文化注重"知行结合"的道德践履而非空洞说教，可以说这是我们的祖先经过长期的实践探索和理论总结所形成的极具特色的思想道德教育的方法论系统，《周易》曰："履，德之基也。"[1]墨家学派代表人物墨子就对道德实践十分重视，他认为评价一个人是否真正为"仁"，"非以其名也，亦以其取也"。意即一个人是否真正为"仁"，不是看他是否知道"仁"的含义，而是看他在行为上是否有真正"仁"的举动。可见，中国传统文化不仅注重道德教育中的自觉自省，更加注重在自觉自省基础上的道德践履，注重"知"与"行"的辩证统一。当然，作为一门意识形态色彩极为强烈的科学，思想政治教育离不开理论灌输这种教育模式，只是当我们忽视了文化对思想政治教育的内在渗透力，忽视了受教育者对思想政治教育内在自觉自省意识，忽视了思想政治教育者与受教育者在思想政治教育过程中的道德实践，而过分强调这种理论灌输的教育模式时，灌输的力度再大，思想政治教育也难以取得理想效果，甚至会起反作用。因此，我们当前的思想政治教育应该借鉴和吸收周秦伦理文化所提倡和践行的这些潜移默化的渗透、自觉的内在自省等教育模式，来改变单一枯燥的灌输教育模式，提升我国当前思想政治教育的实效性。

三　周秦伦理文化融入思想政治教育的价值

思想政治教育是一项以"育人"为根本目的的教育实践活动，而对于"育人"而言，不可能离开其所处的整体文化环境。我国的

---

[1] 《周易·系辞下》。

思想政治教育也离不开经过漫长历史发展和积淀而形成的底蕴深厚的传统文化。周人重道义，秦人重功利，这是周人和秦人价值观的特征，也是周秦伦理文化的核心和灵魂。它渗透和体现在周秦社会的哲学、伦理、政治、经济、军事、外交等层面，对后世也产生了深远影响，直到现代社会仍有值得借鉴的诸多启示价值。身处当代社会，我们更加推崇周人那种注重道德教化、崇德尚贤的伦理型"德性文化"，其影响力也并非一朝一代，而是在漫长的中国古代历史进程中"构建了成熟的道德价值体系，形成了丰富而系统的个人伦理、家庭伦理、国家伦理乃至宇宙伦理，并相应地确立了一整套完备的道德教育理论"[①]。它崇尚德性，注重德教，注重培养人居仁由义、厚德载物、孝悌为本、诚实守信等道德品质和忠勇报国的社会责任感。周秦伦理文化所具有的这种浓厚的道德特征与道德色彩，对于调和人与人、人与社会以及人与自然之间的矛盾和冲突，维护社会的稳定，推动历史发展具有重要价值。它对于德性与德教的重视与强调，不仅在我国古代的道德教育中产生了良好的影响，培育了一代又一代崇德尚贤、公而忘私的仁人志士，还为我国当代思想政治教育事业的发展构建了良好的"以文化人"的文化语境。

（一）有助于提高思想道德素质和文化素养

我们知道，崇尚道德是周秦伦理文化的核心价值取向，崇德、重德、德教也是中国传统文化几千年来的优秀传统。周秦时期教育教学科目繁多，至少在东周时期就包括礼、乐、射、御、书、数六艺，然而这种纯知识或技能的教育并不是教育的终极目的，它通过对受教育者各个方面的教育与培养，意在培养德才兼备，不断接近并达到"圣人""君子""觉行圆满"等理想品格之人。这种传统在中国整个古代社会一直延续下来而并没有中断，可见周秦伦理文化对道德的崇尚与对个人德行培养的重视。然而，近代以来，随着

---

① 顾友仁：《中国传统文化与思想政治教育的创新》，安徽大学出版社 2011 年版，第 4 页。

西方列强的入侵，中国社会日趋衰败，人们对自身的传统文化产生了怀疑，并拉开了反传统思潮的序幕。首先，在我国近现代三次反传统文化思潮的影响下，中国传统文化遭到严重破坏，致使许多人对我们自身的民族传统文化态度淡漠、认识不足，最终导致民族文化的失落与人们精神家园的相对荒芜；其次，自新中国成立以来，我国思想政治教育在其三十多年的发展历程中，虽然取得不少成绩，但其偏重理论灌输的教育模式单一枯燥，使人们对马克思主义这一科学理论的认识与接受大打折扣，自然使人们树立科学的人生观与价值观也显得极为困难；再次，市场经济时代的经济形态一方面强化了人们的平等观念和经济意识，提高了人们的自主意识和竞争观念，另一方面也导致了以金钱多寡作为价值判断标准的拜金主义的滋生，引发了极端的个人主义和无政府主义；最后，在当今经济飞速发展与信息爆炸式传播的全球化时代，多元文化交流也日趋频繁，在各种各样的价值观的影响下，人们尤其是青少年学生不免会受到诸如狭隘的功利主义、享乐主义、拜金主义、个人主义等各种不良价值观潜移默化的影响。正是上述这种种因素的综合影响，造成了人们人生观与价值取向的盲目与混乱，因此，将周秦文化中优秀的德育思想不断融入思想政治教育，不仅有助于传统文化自身的发展，也有助于改变我国当前思想政治教育工作中过分偏重理论灌输的教育模式、受教育者消极被动等教育困境，有助于消除功利主义、享乐主义、拜金主义、个人主义等各种不良的价值观对人的消极影响，有助于青年大学生树立正确的人生观与价值观，提高其思想道德素质和人文文化素养。

（二）有助于增强民族凝聚力和培养爱国主义精神

文化具有民族性，是维系民族团结和共同价值观念及生活方式的纽带。中国传统文化是中华民族在世世代代的生活环境中所创造出来的精神文化，是包括海外华人在内的所有中华儿女的精神支柱。由于共同的文化心理，每位中华儿女，不论何时何地都对中国传统文化有着自然而然的亲切感和认同感。同时这种文化认同感在一定的历史条件下还可以调和国家或民族内部不同阶级、阶层和群体之间的对抗性矛盾。此外，当国家或民族由于种种原因尤其是因为统治者腐败骄横而处于落后状态时，人们往往会对国家或民族团体产生失望心理和不满情绪，造成国家和民族的凝聚力下降，但由于共同的文化心理，绝大多数人，特别是有识之士能很自然地将腐败者同民族、国家分离开来，从爱国的目的出发反腐败，除奸恶，而不会因社会的一时黑暗而抛弃自己的民族和祖国。上述这些都是文化认同的民族凝聚力所在。

爱国主义一向是中华民族的优良传统，是中华民族生生不息、自立于世界民族之林的强大精神动力。继承和弘扬爱国主义优良传统，是对我们每一个公民的基本要求。然而，自 20 世纪 70 年代末我国实行改革开放以来，西方的文明成果不断涌入中国，与此同时，由于反传统思潮尤其是"文化大革命"所导致的对中国传统文化的严重破坏，使我们对优秀传统文化的继承和发展基本处于停滞甚至倒退状态，民族文化的缺失使我们对中国传统文化的精髓知之甚少，造成了我们对本民族文化失去自信，进而造成民族凝聚力的丧失。在部分人群尤其是青少年群体中，以往被视为神圣的"民族""国家""理想"渐渐失去了昔日的光彩，失去了往日激动人心的力量，相应而生的则是个人主义、拜金主义、自由主义等各种不良价值观的泛滥。在这种情况下，本该胸怀天下、铭记历史，为中华之复兴而努力的有志青年，却往往没有理想与信仰，急功近利、崇洋媚外等不良行为屡见不鲜。因此，在我国当前的思想政治教育中加强爱国主义传统文化教育显得尤为重要，充分发掘周秦伦理文化中的"忠勇报国"教育资源，有助于弘扬传统文化中的民族精神，增强民族文化认同感，进而有助于我们树立民族自尊心和自信心，增强民族凝聚力，继承和弘扬爱国主义优良传统，培养爱国主义精神。

（三）有助于挖掘更加丰富的思想政治教育资源

崇尚道德，重视道德教化以及注重渗透、自觉自省与践履的道德教化方式是周秦伦理文化的重要特征，这些特征不仅使其具有浓郁的"以文化人"的人文精神，也使其在数千年的历史积淀中，在诸多方面都为我国当前的思想政治教育提供了丰富的教育资源。首先，以对圣贤人格的追求作为道德教育的目标，着重培养人的道德品格和社会责任意识，引导人们向圣人、君子等理想人格看齐，从而不断提升自己的道德水平和人生境界，进而不断接近甚至达到"止于至善"的道德理想。其次，注重整体观念的培养，追求天人合一的自然观念，倡导自强宽厚、群体至上的民族精神和国家观念，秉持和而不同的社会及人际关系，践行开放融通的创新精神，强调诚信求真的道德品质，追求内圣外王的理想人格与人生取向等。最后，注重言传身教，强调教育应该遵循身正为范、因材施教、循序渐进等基本原则。可以说，周秦伦理文化中蕴含着丰富的思想政治教育资源。因此，重新审视周秦伦理文化的价值所在，努力挖掘其中与思想政治教育相通相合的教育资源正是其与思想政治教育相融合的必经之路，同时，两者的不断融合，也有助于我们以更积极的主动意识去发掘传统文化中丰富的思想政治教育资源。

（四）有助于拓宽思想政治教育的研究视野

思想政治教育学科自 20 世纪 80 年代初在我国建立起，就一直笼罩着浓重的政治色彩。不可否认，经过三十多年的建设发展，思想政治教育为我国的社会主义事业发挥了巨大的政治功效，取得了巨大成就，为我国的社会主义建设事业做出了巨大贡献。然而，分析其概念的内涵我们知道，思想政治教育并非我国所特有，它是阶级社会普遍存在的一种教育实践活动，只不过在其他国家它是以公民教育、国民精神教育、道德教育、宗教教育等名称存在。不过在我国，长期以来，由于思想政治教育被赋予过于浓厚的政治色彩，其被限定在一个固定的框架内，人们只能用一种严肃的单一枯燥的话语系统来对其解读，而不能自由地、多视角地对其进行审视与研究，这就使思想政治教育的研究视野也相当狭窄，思想政治教育学界也一度陷入沉寂僵化状态。伴随着中国社会的开放转型与快速发展，思想政治教育也需要不断拓宽研究视野，以顺应时代发展的要求。随着时代的发展，在当前经济全球化与信息爆炸化的背景之下，多元文化不断冲击着人们的头脑，人们的思想观念、认知水平以及价值取向等都发生了重大变化，不再受制于传统被动的思想政治教育理论灌输与说教模式，更加注重个体的自由发展，这些变化都给思想政治教育工作增加新的难度，对思想政治教育工作者和思想政治教育学科自身的发展提出了新的要求和新的挑战。

一门学科想要有所创新发展，就必须借鉴其他学科的理论成果，与不同学科之间交叉渗透，以获得新的理论生长点。可以说，"不同学科的交叉融合，是学科发展成熟到一定程度后的必然要求和表现，只有以不同学科的视角来审视本学科的发展，本学科才能不断获得新的生长点，这是学科发展的客观规律。而且，学科的交叉融合、不同思想理论之间的相互借鉴与相互渗透，也是促进学科发展、推进理论创新的必由之路。"① 作为一门明确指向"人"的学科，思想政治教育本身就是马克思主义哲学、教育学、心理学、伦理学、政治学、逻辑学、美学等多门学科交叉渗透的产物。思想政治教育要有所创新发展，就必须继续加强与其他学科的交叉渗透研究。因此，将蕴含着丰富思想政治教育资源的周秦伦理文化融入思想政治教育，不断挖掘其中可利用的思想政治教育资源，有助于拓宽思想政治教育的研究视野，从不同视角对思想政治教育进行审视和研究，进而改变其单一枯燥的话语系统和理论灌输说教模式，使其更好地适应时代和社会发展要求。

---

① 冯刚：《交叉学科视野下思想政治教育的创新发展》，《思想理论教育导刊》2011年第 11 期。

第五章　周秦伦理文化与思想政治教育
相融合存在的问题及原因

一　存在问题

虽然周秦伦理文化与思想政治教育相融合具有重要意义，但从目前现状来看，不仅仅是周秦伦理文化，即就中国传统文化而言不论是在相关学术研究层面，还是在思想政治教育实践中都存在明显缺失的现象，将其融入思想政治教育依然面临着许多现实的困难和问题。

（一）学术研究层面

中国传统文化与思想政治教育研究，是近年来思想政治教育学科创新发展的方向之一。目前学界对这一方向的相关研究主要集中在二者的内在关系、中国古代思想政治教育史、中国传统文化与社会主义核心价值体系等方面。"从总体上看，学界在相关方面的学术研究使得中国传统文化与思想政治教育研究逐步趋向成熟化、学理化，同时也有力地推动了思想政治教育理论的深化。"① 不可否认的是，当前的研究中也存在一些亟待解决的问题。

1. 研究意识与创新性不足

关于中国传统文化与思想政治教育研究，目前学界在二者的内

---

① 陈继红、王易：《中国传统文化与思想政治教育研究的论域、问题与趋向》，《思想理论教育导刊》2013 年第 11 期。

在关系、中国古代思想政治教育史、中国传统文化与社会主义核心价值体系等方面已经取得一些研究成果，但在研究意识上还未能给予高度重视。到目前为止，关于这一研究方向的相关内容，学界没有形成有规模的学术讨论，没有达成明确的共识；根据对相关研究者研究成果的分析，大部分研究者仅有一些相关研究论文，没有后续研究成果，这说明缺乏对这一方向持续性和深入性的研究意识，或是研究遇到困难或"瓶颈"。另外，目前学界在相关方向的研究中存在选题单一、内容重复等问题，相关方向的研究大多侧重简单的操作性层面的问题，而忽视从理论深度上思考关于中国传统文化与思想政治教育相融合的学理依据和逻辑内涵等方面的问题。对于周秦伦理文化与思想政治教育相融的问题也是如此，我们现在所做的研究大多是延续思想政治教育的传统内容，从政治学和教育学视角展开，侧重研究周秦伦理文化中的政治教育、思想教育等内容，没有突破原有思想政治教育内容的理论框架，在周秦伦理文化与思想政治教育的创新性方面也有待进一步加强。

2. 研究广度与深度均有所欠缺

通过对相关研究成果的梳理发现：第一，目前相关方面的研究基本上偏重宏观性阐释，着力从周秦伦理文化的宏观视野提炼出一些对思想政治教育具有启示性的思想政治教育资源，且提炼出来的思想政治教育资源大同小异，缺乏对这些资源提炼依据的进一步追本溯源；第二，目前对于周秦伦理文化与思想政治教育二者内在关系的解读，基本上都是泛泛而论的比附性论证，泛论、重复性论述比例偏大，选题空泛、内容雷同、观点相似，缺乏对两者相融合的学理化的系统阐述与深入探究；第三，目前学界大多是在对周秦伦理文化中儒、道主流形态的综合中展开历史学、哲学方面的相关研究，在不同流派与思想政治教育相融合的具体研究中，大多数研究者是从儒家思想或孔子、孟子等少数代表人物的思想中来挖掘相关的思想政治教育资源，而缺乏从法家、墨家等不同流派思想中来挖掘相关资源，且对不同流派的发展对中国传统文化的影响与作用及其在当代思想政治教育中的运用原则等也缺乏相应的深入探析；第四，虽然周秦伦理文化中的思想政治教育资源非常丰富，然而这些资源却不是一成不变的，它们随着时代与社会的发展也在不断发展变化，更何况年代如此久远，关于如何解释周秦伦理文化中的思想政治教育资源在历史发展中的流变问题，目前对此也缺乏相应的深入研究。以上这些问题都表明，目前学界在周秦伦理文化与思想政治教育的研究中，虽然取得了一些研究成果，但在研究广度和研究深度方面均有所欠缺，"理论的'彻底性'没有得到充分展示"①。

3. 相关学科与人才建设有待加强

周秦伦理文化与思想政治教育的研究方向要求研究者在传统文化和思想政治教育领域均有一定的学术功底，要求教师与相关研究者必须至少具备两方面的专业学术能力：一是必须具备深厚的传统文化功底，能够恰当运用中国哲学的研究方法诠释传统典籍，并能够呈现周秦伦理文化思想的真实面目，避免当前的泛泛而论与牵强附会的现象；二是必须对思想政治教育原理有深入的了解，同时能够正确、及时地把握党的方针、政策与路线，坚持以马克思主义立场作为传统文化研究的指导。教师及研究者只有同时具备这两个方面的素养，才有可能取得高质量的教学科研成果，这一学科方向也才能在思想政治教育学科获得优势地位。然而目前在中国传统文化与思想政治教育这一研究领域，这样的同时具备两方面研究与教学能力的教师及研究者少之又少，根据对相关研究者的学术背景的调查分析发现，目前从事中国传统文化与思想政治教育的相关研究人员大多学科背景复杂，专业知识结构单一，相关方向的研究者无法满足上述要求，他们在专业知识结构上要么偏重思想政治教育理论或马克思主义理论，要么偏重中国传统文化，在两者的交叉渗透研究方面往往只能泛泛而论，这也影响了他们学术研究成果的质量。

---

① 陈继红、王易：《中国传统文化与思想政治教育研究的论域、问题与趋向》，《思想理论教育导刊》2013年第11期。

近年来，虽然这一研究方向日益受到重视，已有一些高校已经开展了相关方向的教学与研究，如福建师范大学、江西师范大学、北京化工大学等，并有部分高校对其展开了更加专业和深入的研究，开设了相关方向的硕士与博士研究生教育，如海南大学、安徽农业大学、华北电力大学、首都师范大学、东南大学等，但范围还很小，在学界的影响力有限；随着这一研究方向在学界的不断开展，目前已有若干相关的硕士论文和博士论文，并不断有新的研究力量加入，相关专著也在不断问世，但相关的专著数量仍然较少。通过对相关论文的检视发现此类论文发表的学术期刊等级大部分较低，在中文社会科学引文索引（CSSCI）中自 1998 年以来题名包含"思想政治教育""传统文化"关键词的论文仅有 50 篇左右；在中国知网（CNKI）检索包含"思想政治教育""周秦伦理文化"关键词的论文则更是凤毛麟角。此外，国家教育部门、高等学校对相关学科的建设与人才培养的政策支持与经费投入都相对不足，对此类研究的课题资助也相对薄弱，缺乏给从事这一工作的研究者以实际物质激励和精神激励。

4. 学科立场的辨识度不足

周秦伦理文化与思想政治教育研究关涉伦理学、教育学、中国哲学史以及马克思主义理论一级学科下的相关二级学科等领域，也必然要借鉴这些学科领域中的理论成果。就中国古代思想政治教育的研究现状而言，它与政治伦理以及中国古代思想史等的分界都不够明晰。虽然也有一些学者意识到应该在学科交叉中展现其独特的学科立场与话语体系，学者张祥浩认为，在中国古代思想政治教育史的研究中存在难点：第一是如何处理思想教育与广义上教育学的关系，第二是如何处理思想教育理论与思想史的关系。[1] 然而究竟应该"如何展现"，这一学科分界问题依然没有得到完善的解决。此外，关于"古代思想政治教育"这一新概念，如何界定其内涵与

---

① 张祥浩：《中国传统思想教育理论》，东南大学出版社 2011 年版，第 330 页。

特质，学界有不同的观点，至今仍是一个悬而未决的话题。这也在一定程度上影响了学科的辨识度问题。

在当前学界的研究中，一种观点认为，"思想教育"可以表达古代思想政治教育的特质。中国古代的教育主要是指思想教育，就其内容而言包括哲学教育、宗教教育、人伦道德教育、法制教育、人生价值教育、政治教育，但是从主要方面而言是道德教育。而以思想教育取代思想政治教育的原因在于：所谓政治教育，只是思想教育的一个部分。今天我们所说的思想政治教育把"思想"与"政治"并论，也不是说思想教育和政治教育处于等同的地位，只为凸显思想政治教育的政治性而言。在古代，各家各派虽然也有其政治教育，但并不占主导的地位，道德教育才是其主流。而且，对于思想教育的目的而言，各家皆是以"成德""成人"为本。但是，对于古代政治教育与道德教育之间的内在关系、政治教育在思想教育中何以"不占主导"这两个重要的问题，我们并未看到令人信服的解释。实际上，关于这两个问题的研究应该有不同观点的交锋。另一种观点认为，在以往诸多关于古代德育思想的著作中，对"德育"的理解基本是从其狭义内涵（道德教育）而言。这种德育思想史，同以前学界出版的《中国伦理思想史》属于同一类著作。而所谓"德育"应当是从广义内涵而言的，这个概念与"思想道德教育"或"思想政治教育"具有互释性，因而这一概念能够突出思想政治教育的学科立场。问题是，广义的"德育"何以能够解释古代德育思想？所谓德育的广义与狭义之分，是现代教育学的论断。《教育学辞典》对德育广义的解释是："从广义上看，它包括政治教育，即政治方向和态度的教育；思想教育，即世界观和方法论的教育；道德教育，即人的行为准则或道德规范的教育。从狭义上看，它指的是道德教育。"[①] 然而，这种具有鲜明时代气息的解释何以能够套用到古代德育思想中，作者并没有作任何的说明。

---

① 张念宏：《教育学辞典》，北京出版社 1987 年版，第 471 页。

以上两种观点虽然从各自的立场阐释了古代思想政治教育的特质,但是其叙述方式是结论性的,并没有对其背后隐含的依据作深入的思考,因而所谓的"特质"其实是相对模糊的解释。在当前的研究中,如果对这一问题没有深刻的阐释或者避开这个问题匆忙地直奔主题,那么在理论体系建构方面可能存在生搬硬套与牵强附会的问题。因此,对于周秦伦理文化融入思想政治教育的相关研究就要注意避免进入类似的误区。

5. 研究方法存在误区

目前,学界在中国传统文化与思想政治教育研究中,还存在研究方法上的误区。主要体现为:其一,用当代思想政治教育理论碎片式地肢解中国传统文化。目前,在相关研究中,由于大部分学者是思想政治教育或马克思主义专业出身,对中国传统文化本身缺乏深厚的了解,这就使他们对中国传统文化进行阐释时,只能用当代思想政治教育理论碎片式地肢解中国传统文化,使中国传统文化的本来面目与内在精神气质无法真实地呈现出来,而且所谓的传统思想政治教育的逻辑体系也缺乏严密。当然,我们不应该否认以新的学科视角去重新审视中国传统文化,以此推动理论创新。但是,这并非意味着可以望文生义、随意发挥,而是应该以尊重古人思想的真实含义作为创新的前提。其二,以逻辑推演的方法取代实证研究的方法。目前学界在中国传统文化与思想政治教育的研究中大多是以逻辑推演形式进行的,即或者是基于中央文件精神将中国传统文化作为一种解释性资源进行研究,或者是从纯粹的经典传统文化文本解读中寻求可借鉴的思想资源;另外,众多相关研究学者往往忽略社会大众群体对中国传统文化的认知、认同现状以及不同的社会群体对中国传统文化的不同需求,这就使其在实际生活中的应用价值难以得到有效体现,不能真正地服务于社会现实。在我们研究周秦伦理文化与思想政治教育过程中,也不同程度地存在上述问题,应当引以为鉴、尽力避免。

（二）教育实践层面

1. 传统文化在高校思想政治教育中缺失严重

中华民族勤劳而睿智的先祖们曾在今天的宝鸡地区创造出光彩夺目的周秦文化，形成了以爱国主义为核心，自强不息、和而不同的民族精神以及崇德尚仁、天人合一、重礼敬贤、诚实守信、知行合一等优秀的传统文化思想，影响着一代又一代的中华儿女。将周秦伦理文化积极融入高校思想政治教育实践，对于推动高校思想政治教育工作与学科发展有着十分重要的意义。然而，当前很多高校思想政治教育中都缺少传统文化教育内容，只有少数高校开设了"大学语文""中国传统文化概论"等涉及中国传统文化的选修课，而在大多数高校的思想政治教育课堂里几乎找不到传统文化的影子。2005 年 3 月，中宣部、教育部下发了《〈中共中央宣传部、教育部关于进一步加强和改进高等学校思想政治理论课的意见〉实施方案》，方案明确规定：本科课程设置"马克思主义基本原理""毛泽东思想、邓小平理论和'三个代表'重要思想概论""中国近现代史纲要""思想道德修养与法律基础"4 门必修课和"当代世界经济与政治"等选修课，专科课程设置"毛泽东思想、邓小平理论和'三个代表'重要思想概论""思想道德修养与法律基础"两门必修课，同时本、专科都要开设"形势与政策"课。1993 年 10 月 8 日，国家教委颁布的《关于高等学校思想政治教育专业办学的意见》中，明确规定了思想政治专业本科设置 4 门公共课，包括 7 门必修和作为必修或选修的"青年学""政治学""教育学""中国近现代政治思想史"以及经济类、管理类、应用类和系统性、行业性业务知识课在内的基础课，包括"马克思主义思想政治教育著作选读""马克思主义思想政治教育理论基础""思想政治教育学原理""方法论""教育史""基本思想政治观教育"在内的 6 门专业课，其中"思想政治教育案例分析""社会舆论与社会思潮分析"可作为必修或选修课。研究生的学位课分为 5 类，包括"马克思主义经典著作选读""中国特色社会主义理论与实践""社会思潮与青年教育""基本思想政治观教育研究""思想政治教育理论与实践"（原理研究、方法研究、史研究）。此外，也可开设特色课和方向课。2005 年 12 月 23 日，国务院学位委员会、教育部下发了《关于调整增设马克思主义理论一级学科及所属二级学科的通知》，将思想政治教育增设为马克思主义理论一级学科下设的二级学科，以培养具有硕士学位和博士学位的研究生为目标，课程设置有"马克思主义主要经典著作与基本原理专题研究""中国化马克思主义理论""思想政治教育理论与方法""中国共产党思想政治工作史""政治观教育研究""人生观教育研究""思想道德与法制教育研究""思想政治教育心理学""当代西方思潮及其影响研究""高校学生管理工作研究""心理健康教育研究"等。从目前我国高校思想政治理论的课程设置以及高校思想政治教育专业的课程设置来看，传统文化似乎并没有被高校思想政治教育充分利用，其内容只是零散地分布在部分章节中，尽管也有一些高校开设了"中国传统文化概论"等类似课程，但也仅是作为选修课开设，普及程度有限。而关于中国传统文化与思想政治教育方向，更是缺乏相关课程的开发与设置以及相关教材的编写。可见在我国高等教育中，思想政治教育着重突出的是其政治性，而对文化性却没有给予应有的关注与重视。中国传统文化在高校思想政治教育的课程设置中存在严重的结构性缺失问题。

不仅如此，在高校思想政治教育实践活动中，以中国传统文化为主题而开展的活动基本上处于随机开展的状态，既没有固定的时间安排，也没有形成固定的形式和要求；活动开展的好坏与否主要依赖思想政治教育工作者对传统文化的认知程度和重视程度，许多优秀的教育资源没有被思想政治教育实践者很好地开发和利用起来，造成了教育资源的极大浪费。这也是导致中国传统文化在我国高校思想政治教育中缺失的重要因素。

2. 思想政治教育的培养目标以及教学模式单一

从培养目标以及价值定位来看，虽然我国的思想政治教育根本目的是提高人的思想道德素质，促进人的全面自由以及自主发展，激励人们为建设中国特色社会主义，最终实现共产主义而奋斗；但长期以来，思想政治教育实践中往往片面强调其政治教育的功能而忽视、弱化了其思想道德的教育功能，政治色彩明显，政治功利趋向性明显；同时，在价值取向上往往强调"社会本位"和"无私奉献"而忽视人的自由全面发展，严重缺乏理性精神与人文情怀。

从教学模式来看，长期以思想政治教育在课堂教学中都是以教师为主导的教学模式，主要体现为：片面强调教师作为教育者的权威，注重对学生外在的约束管理，忽视学生作为受教育主体的主动性、积极性以及自我约束力；忽视学生的个体差异，在思想政治教育的教学过程中，习惯于用统一化的目标和标准来要求和评价学生；忽视学生的情感需求，在思想政治教育引导方面缺乏对学生交互式的引导作用等。

从教学方法来看，长期以来我们的思想政治教育侧重单一的理论灌输方式，教学方法僵化，很少从人性化的角度去关心学生的内在需要、引导学生的自我发展，而更多的是从约束性出发，以说教为主，强调学生的无条件服从，缺乏用灵活多变的渗透性的方法来丰富思想政治教育的教学方法，加强思想政治教育的实效性。

从教学内容来看，由于在思想政治教育实践中教育目标的偏离与片面化强调，长期以来我国高校思想政治教育重意识形态方面的教育而轻思想道德方面的教育，教材内容陈旧单调，往往缺乏与我国社会发展过程中出现的新矛盾、新问题以及大学生关注的现实生活中的热点问题和敏感问题相结合。这样就不能从根本上解决学生思想上的一些困惑，难以满足学生的需要，难以提起学生的兴趣，难以引起学生的共鸣。

3. 大学生的中国传统文化基础薄弱

中国传统文化是中华民族历经数千年积淀而形成并延续下来且保存相对完整的文化，对整个中华民族的发展具有重要作用。作为新时代的大学生，了解祖国辉煌灿烂的传统文化，有助于他们增强民族自信心和民族自豪感。不过，从相关大学生对中国传统文化认知状况的各种调查报告来看，目前大学生对中国传统文化的认知程度与接受程度不容乐观。在以辽宁省六所高校部分大学生为对象进行的相关调查中显示：在大学生对传统文化的兴趣方面，有"76%的被调查者对传统文化很感兴趣或比较感兴趣，20%的人兴趣一般，4%的人不感兴趣"；在大学生对传统文化的认识方面，仅"6%的人对传统文化了解非常深入，81%的人了解程度一般，13%的人不了解"； "对于古代经史子集，9.7%的人'爱不释手'，66.9%的人'偶尔翻阅'"①。在以华北地区高校在读大学生为对象的相关调查中显示：对中国传统文化中的思想精髓，大部分学生缺乏深入的理解；对经史子集，大部分学生只是偶尔读读，仅有2%的学生对其爱不释手；对《论语》《易经》《庄子》《道德经》等思想著作，大多数学生（71%）只是对《论语》比较了解或认可；对于繁体字的认识程度，多半数学生都仅仅是可以猜出其意思而不能自如地运用它们；对于传统文化在当下中国社会的作用问题上，绝大多数学生都认为有积极作用，然而对于传统文化的未来，多数学生则都认为不乐观或感觉很迷茫；等等。② 据北京大学开展的"当代大学生与中国传统文化"的问卷调查结果显示，"大多数学生对孟子、荀子、墨子、王充、董仲舒、朱熹、王阳明等古人的生平事迹和主要思想不太了解，甚至对我国近代著名思想家、北大第一任校长严复表示了解的仅占40.1%"③。而且据调查人员反映，"即使表示自己了解某些古人和古典名著的学生中，细究其了解程度的水分也有不少"。④ 以上调查报告只是反映了我国局部地区大学生对中国传统文化的认知情况，并不能完全反映目前我国所有大学生对中

---

① 王冠、司雁龙、张蓉蓉：《当代大学生对中国传统文化认知情况的调查与思考》，《文化研究》2011年第1期。

② 王琳：《当代大学生对传统文化认识问题的调查与分析》，《传承》2010年第7期。

③ 李宗云：《传统文化在大学生思想政治教育中的价值及其实现》，硕士学位论文，东北师范大学，2008年。

④ 陈占安：《当代大学生与中国传统文化》，《北京大学学报》1996年第1期。

国传统文化的认知情况。不过，从上面几组调查数据中可以看出，
总体来说，虽然当代大学生大部分对中国传统文化比较感兴趣，也
比较认同其在当代社会中的价值与作用，然而对于中国传统文化认
识与理解程度依然不够，大学生整体的传统文化素养也相对较低。
此外，由于受应试教育、市场经济环境、西方价值观以及网络文化
等的影响，我国大学生的传统道德观念相对较薄弱，他们往往追求
个人主义、自由主义、拜金主义、享乐主义等，缺乏社会责任感和
奉献精神。

二　原因分析

（一）反传统思潮的影响

在中国古代两千多年的社会发展中，儒学一直占据着主导意识
形态的地位，成为历代统治者推崇的官方哲学。同时，也正是由于
这异常稳定的传统文化的维系作用，才使绵延数千年的中国封建社
会，虽然屡经更替，却从未发生过实质性的改变。然而自 1840 年鸦
片战争爆发后，西方列强的侵略使中国遭受前所未有的屈辱，出现
了空前严重的民族危机。加之在探索中国现代化路径上，经历过
"师夷长技以制夷"的洋务运动、戊戌维新与辛亥革命等一系列运
动的失败以及袁世凯、张勋等人的复辟闹剧之后，当时一批先进的
知识分子认为，虽然古老的中国经过了经济和政治上的变革，但在
中国长期的封建社会孕育而生并为封建统治阶级所服务的包括中国
传统伦理道德以及其他奴役民心、遮蔽民智的思想观念在内的中国
传统文化的堡垒却还未被触动，正因此才导致了一系列的变革与革
命失败。因此他们认为，要使近代中国摆脱衰败命运，就必须打破
以伦理道德为核心的中国传统文化对人们思想的束缚。于是，在
"五四"新文化运动中，当时的文化界领袖如陈独秀、李大钊、鲁
迅、胡适等人，从伦理道德革命入手，集中批判了中国传统礼教、

传统道德等对人们思想眼界的桎梏和伦理道德的束缚。对中国现代社会，尤其是思想界和学术界产生了极为显著的影响。时任民国教育总长的蔡元培先生亲自主持并制定颁布了新学制，废除了之前历代政府"忠君尊孔"的教育方针，使"儒学从此失去了在中国教育中的独尊地位"①。尤其是其宣布在中小学废除读经的政策所产生的巨大影响，则使"中国的孩子从此丧失了从正规教育渠道系统地学习其自身传统的可能"②。客观地说，由于"五四"反传统的精英多为学贯中西、知识渊博的饱学之士，所以"五四"新文化运动实际上是把西方的科学、民主、自由等理念引入中国，以此清除中国传统文化中的专制、愚昧与落后思想，但并没有完全割断新文化与传统文化的血脉。然而，对于普通民众而言，这些文化精英们对中国传统礼教、传统道德等的激烈批判态度，很容易使他们对中国传统文化产生误解，进而使他们简单地认为中国传统文化是无用的，这也对中国传统文化的继承和发扬产生了不良影响。

"五四"反传统的思潮尚未完全消散，1949年新中国建立以后，学术界再一次展开了对中国传统文化的新一轮批判运动。这一时期的反传统仍然是以中国传统文化为标靶，以批判中国传统文化的核心人物——孔子为代表。就历史文化背景而言，这一时期的反传统浪潮是在"新中国成立之初，马克思主义在各个学术领域尚未稳固立足的情况下"展开的，其目的是"用马克思主义观点研究中国传统文化思想，改造旧文化，消除旧思想"③，是巩固新生政权的需要。不过，"就对中国传统文化的根本态度而言，我们党在那个年代还是比较温和的"，④ 1956年9月，刘少奇在《中国共产党中央

---

① 宋仲福：《陈独秀全盘性反传统文化辨析》，《西北师大学报》（社会科学版）1990年第6期，第90页。
② 王卉：《科学主义、反传统与读经》，《科学时报》2006年7月13日。
③ 都培炎：《"思接千载"和"与时俱进"：中共对中国传统文化认识的历史考察》，华东师范大学出版社2007年版，第215页。
④ 顾友仁：《中国传统文化与思想政治教育的创新》，安徽大学出版社2011年版，第84页。

委员会向第八次全国代表大会的政治报告》中就发出了批判继承
"旧时代有益于人民的文化遗产"的号召。因此，客观地说，在新
中国成立初期由于巩固新生政权的需要，加之当时政治批判常常代
替学术批评等不良风气的影响，这一时期对中国传统文化的认识与
批判，虽然存在一定偏差和过火的现象，但对待中国传统文化的总
体原则还是正确的。然而 1966 年爆发的"文化大革命"，则以"彻
底破除几千年来一切剥削阶级所造成的毒害人民的旧思想、旧文
化、旧风俗、旧习惯"为名义，不仅彻底否定了中国传统文化，还
将其转变为所谓的"革命行动"。这一时期，中国传统文化被认为
是封建的代名词，不管是什么类型的传统文化都是被打击的对象。
这一时期中国传统文化已经全然不为国家领导人所重视。据统计，
十年"文化大革命"期间，关于批判孔学的文章约 4000 篇，仅
1968 年毁坏的文物就约有 6000 件，古书籍字画共计损毁约 3600
册。大量中国传统文化、历史名胜古迹等各种文化遗产遭到前所未
有的严重破坏，继而导致了对中国传统文化继承的巨大断裂，造成
了整整一代人对中国传统文化在认识上的断层和意识上普遍忽视的
严重后果。

十年的"文化大革命"结束以后，我国进入了改革开放的新时
代。80 年代，随着对外开放政策的实施，我国在经济体制改革过程
中出现种种阵痛，相应地在意识形态领域则处于旧的道德体系崩溃
而新的社会主义核心价值体系尚未确立的青黄不接的道德真空状
态。人们在面对我国贫穷落后与西方国家现代化之间的巨大差距
时，再次产生文化自卑心理。受"五四"时期全盘西化论者的影
响，面对汹涌而至的西方文化的冲击，部分学者在反思个人崇拜等
封建遗毒的基础上，形成了新一轮的主张全盘西化的反传统思潮。
他们简单地把中国传统文化等同于封建主义，把现代化等同于"西
方化"。有学者认为"文化大革命"正是封建主义假借社会主义的
名义来宣扬虚伪的道德价值，"把中国意识推到封建传统全面复活

的绝境"①，历史"绕了一个圈，过了七十年，提出了同样的课题"②。有学者就中国传统文化与中国现代化之间的冲突关系，提出了"十大冲突论"，并认为："中国传统文化在总体上是不适应现代化的，必须加以彻底改造。"③此后学者张士楚对此论断做了更加具体详细的梳理，将中国社会的现代化与传统文化之间的基本冲突点概括为十大方面，认为这十大冲突"也就是两种文明的冲突，在农业文明培育下成长起来的中国传统文化由于没有经过历史的严格选择和现实生活的彻底改造，很容易成为走向现代化的文化意识和实现的障碍"④，并将其发表在中国国内最具权威的社科理论刊物上，对当时的学术界和思想界产生了极大影响。此外，还有学者认为"传统文化与中国现代化之间的冲突主要归因于传统文化本身的惰性对于这个现代化进程所产生的迟滞和障碍作用"⑤。上述反传统思潮对于当时精神生活极度贫乏的人们尤其是大学生产生了严重的误导作用。一方面中国社会尤其是大学校园对于传统文化的怀疑主义和虚无主义日趋明显，另一方面"明星崇拜热""萨特热""尼采热""叔本华热"等一浪高过一浪，由此可见当时中国传统文化与西方文化在人们心目中地位的落差之大。

从根本上说，20 世纪的三次反传统思潮是中国现代思想史上独特的一种文化现象，它们基于不同的社会历史环境和价值需求，对中国传统文化进行了不同的批判，其中有合理之处，但也存在许多不合理之处，尤其是十年"文化大革命"，对我国传统文化造成了极其严重的破坏。客观地讲，尽管我们不完全否认这三次反传统浪

---

① 顾友仁：《中国传统文化与思想政治教育的创新》，安徽大学出版社 2011 年版，第 92 页。

② 李泽厚：《中国现代思想史论》，天津社会科学院出版社 2003 年版，第 31 页。

③ 赵平之：《东西文化比较研究全国讨论会综述》，《社会科学》1985 年第 1 期。

④ 张士楚：《近年来我国东西方文化比较研究概述》，《中国社会科学》1985 年第 3 期。

⑤ 顾友仁：《中国传统文化与思想政治教育的创新》，安徽大学出版社 2011 年版，第 94 页。

潮的初衷，但是从实际效果来说，确实对于我国思想政治教育工作造成了很大的负面影响，"大破"之后没有实现所期望的"大立"。不仅如此，基于小农经济抑或开放环境，离开了优秀传统文化的滋养，反而导致了自发产生的劣根行为和开放环境的自由主义泛滥横行，效果适得其反，教训深刻。这种对传统文化的严重破坏，使我国的思想政治教育在一段时间内失去了本民族深厚历史文化背景的有力支撑，也是二者在相互融合上出现了一系列问题的深层原因。

（二）高等教育发展进程中对传统文化的忽视

从 20 世纪 50 年代初期开始，我国掀起了对"苏联模式"大规模、全方位的学习热潮，在高等教育改革方面也不例外。为了适应社会主义改造和经济建设需要，从 1952 年开始，我国的高等教育参照苏联高等学校类型，在学校的院系设置和人才培养上照搬苏联模式，削减了综合性大学，增加了理工科类大学的设置。这种教育虽然改变了新中国成立前高等教育"重文轻理"的状况，培养了大批国家所需的以专业技术见长兼具工具理性的"单向度的人"，满足了社会主义初期经济建设的需求，但在另一方面，这种取代对全面发展的"人"的培养的教育模式摒弃了以培养和提高大学生基本道德素质和文化素质为要旨的"通识教育"原则，全盘否定或取消了社会学、政治学、中国传统文化等人文学科，带来了由所谓的"发展综合征"所导致的人文精神的失落，这就使培养出来的学生在文化道德素质方面存在明显的缺陷。不仅如此，当时我国在思想政治教育的理念上也是处处以苏联为标准，照搬苏联当时已经误入"左"倾教条主义的做法，具体表现为：忽视人的个体差异，片面地用整齐划一的共产主义道德标准要求人们，脱离实际，使马克思主义变成僵化教条、空洞无趣、难以服众的理论说教；违背人的思想转化规律，思想政治教育方法简单、粗暴，形式主义严重；对人们因理想与现实之间巨大差异而产生的怀疑与抵触，只讲斗争、不讲团结，只讲决裂、不讲联合等。这使我国的思想政治教育偏重意识形态的灌输，内容普遍空洞、抽象，而脱离了受教育者的身心特点，忽视了道德形成的规律，带有浓厚的教条主义倾向和强制性特征。我国高等教育在其发展过程中并没有能够很好地规避西方高等教育在培养人才方面所经历的困境，人文学科尤其是中国传统文化被边缘化，进而造成了中国传统文化在我国思想政治教育中缺失等一系列问题。

（三）现行教育体制的影响

我国现行教育体制很大程度上是以应试、升学、就业等为导向，学生们学习的目的大多是为了取得不错的成绩，升入不错的高一级学府以及找到不错的工作。长期以来，这种功利性的学习目的使学校在对学生的思想道德素质和文化素质教育方面缺失严重，进而引起教育界的高度重视。针对应试教育的这一通病，我国提出了由应试教育转向素质教育的教育改革目标。不过，虽然素质教育这一理念一直备受教育理论界的高度重视，并且素质教育研究中也取得了一定的成果，但是由于应试教育影响的根深蒂固，加上与素质教育工作性质的长期性以及与其相配套的教育目标体系、教育内容、课程体系、教育组织、实施体系以及教育评价体系不完善，尤其是教育评价体系，我国各地进行的素质教育实验却没有取得突破性的进展，全面推进素质教育在我国仍然存在一定的困难。一方面人们热切渴望素质教育的实施所带来的远期利益，另一方面人们又不可避免地追求应试教育带来的近期利益，这便形成了教育改革的又一对矛盾：素质教育的远期利益与应试教育的近期利益的冲突。因此，素质教育出现了进退两难的尴尬场面。另外，目前我国基础教育的导向依旧是升学，教育行政机构及学校依然把升学率作为衡量教育成功的依据。家长也不甘心孩子"输在起跑线上"，对于素质教育虽抱有很好的期望，却依旧为了孩子的分数而担心。这样也就出现了"轰轰烈烈地喊素质教育，扎扎实实地抓应试教育"的怪现象。就这样，一些教育行政机构、校长、教师、家长便成了素质教育实践的重要阻力源。再加之目前在我国高等教育中，由于高校扩招等因素所导致的严峻的就业形势和巨大的就业压力，使得在中国应试教育体制下成长起来的大学生一直疲于应付各类考试，而忽视了对自身思想道德素质和文化素质的提高，进而忽视了对相关课程尤其是中国传统文化的学习，他们不仅对中国传统文化知识缺乏基本的认识和理解，而且对学习中国传统文化的重要性及其价值意义也没有足够的认识。

（四）多元文化的影响

改革开放以来，人们的视野逐渐开阔，随着西方各种文化思潮的大量涌进，国人对诸多西方文化表现出浓厚的好奇心和兴趣并受到其影响。尤其是在经济全球化浪潮的影响下，加之20世纪多次反传统思潮以及中西方在经济和社会发展方面的巨大差距所造成的影响，人们尤其是青年学生更容易认同自己"地球人"的身份而忽视对自身民族性身份的保持和对中国传统文化的学习；在个人主义、拜金主义、享乐主义、自由主义等一些不良价值观的影响下，甚至有人认为继承传统文化就是守旧过时，只有西方文化才代表了现代和时尚，这样就阻碍了青年大学生对源自中国本土的传统文化的吸收和学习，使优秀传统文化在融入思想政治教育过程中困难重重。

三　典型经验借鉴

（一）典型经验借鉴研究

从综合研究和专门研究的角度，分析属于亚洲"儒教文化圈"的我国台湾地区、新加坡、韩国的传统文化教育模式及其借鉴价值，成为近年来国内传统文化教育研究的热点。我国台湾地区、新加坡、韩国推行中华传统文化教育的成功经验和显著成就，充分证明传统文化教育与现代化进程可以相容，而且可以化解社会矛盾，保障社会平稳转型，促进社会经济发展。

1. 台湾地区的传统文化教育

我国台湾地区被认为是保留传统文化之根较为完整的地区，我们搜集了相关涉及台湾开展传统文化教育的特殊历史背景、国学教育体系建构、教育改革举措等的论述及参考文献。一些研究者探究了台湾"中华文化复兴运动"的起因、内容、历程、影响和意义，概述其在教材建设、课程设置、语言推广、学术研究、书籍出版等方面的强有力措施。他们分析指出，虽然该运动存在食古不化等弊端，但强有力地清除了日本殖民文化的阴影，抵御了西方殖民文化，增强了台湾民众对中国传统文化的认同感和民族归属感，有助于社会平稳转型和民众精神道德境界提升。有研究者论述了台湾地区如何从学校教育、社会教育和家庭教育方面，固守国学教育传统，从而形成了一个较为完善的国学教育体系。还有论文概括了第二次世界大战后初期，清除日本殖民教育所遗留的问题的主要途径：建立专门行政机构、颁布法规、重建师范教育。全面推行国语教育是关键，其中强制补习教育是又一重要举措。另有学者以台湾大学等台湾高校人文通识教育中的部分课程为典型案例，分析指出，任课教师来源、课程内容、授课目的、教学大纲、指定课本及参考书，皆表明台湾高校通识教育对中国传统道德文化资源的深度认知、定位与开掘。比较而言，台湾开创了价值观教育和人格塑造的专门的传统文化课程，而当前我们的高校普遍缺少这一模式，导致传统文化课程设置没有明确的教育定位和清晰的教育思路，难以获得显著教育效果。还有学者论述了我国台湾复兴传统家庭文化与教育的举措：一是发挥政策法规的导向作用，提高家庭教育的社会地位；二是发挥大众传媒的优势，形成重视家教的社会风气；三是沿袭传统习俗礼仪，拓展家庭教育内容；四是注重家庭文化建设，强化家庭教育功能。

2. 新加坡儒家伦理教育

有研究者指出，新加坡复兴儒学运动的明确理念是让儒家文化成为华族抵御西方文化的武器，为华族寻求种族身份和文化根源的基石。独特做法之一就是在大力推广华语的同时，推进儒家文化教育。新加坡公民道德遵循"西学东用"和"东学新用"的方针，注重东西方公民道德教育经验的融合，创造出融合东西方文化精华的新加坡文化，这是我国中小学公民道德教育可以借鉴的重要经验。还有学者较为系统地分析了儒家文化对新加坡教育的历史和现实影响，重点阐述了从 20 世纪 80 年代开始，新加坡政府在中学开设儒家伦理课程连续采取的一系列强有力举措：厘定儒家思想基础、拟定教学大纲、起草教科书、公开辩论、采纳意见和师资培训等。其教育目标十分明确，即把适合新加坡社会的儒家伦理价值观念传递给青年学生，使他们认识华族文化根源，成为有理想、有道德、有积极正确的人生观和良好人际关系的人。

3. 韩国公民道德教育

从历史传统看，韩国的教育思想深受我国儒家思想影响和指导。维系着韩国人精神追求的国民精神中的儒学力量体现在三个方面：一是国家民族至上的伦理意识；二是国民精神中的家国一体意识；三是忠孝一体、安国立命的伦理纲常。在现代韩国社会，儒学思想借助教育功能融入全社会。学校开设道德课，直接对青少年学生进行儒家伦理教育，通过国民精神教育，培养人们忠诚爱国、勤劳朴实、团结一致等儒家品质。从公民教育特色看，德育是韩国国民教育的灵魂，而儒学精神则是学校德育的内核。儒家伦理决定着道德教育的方向、道德教育的内容和道德教育的实践。还有学者研究分析认为，儒家思想早已纳入韩国学校的德育体系，且极具特色、深入人心，尤其是儒家伦理道德在韩国学校德育实践中的加强。从教育途径看，韩国政府在各级各类学校正式设置儒家伦理教育课程。从教育内容上看，儒家伦理道德在韩国学校德育内容上的创新，具有本民族特色，且富有现代意义。剔除了传统儒学中带有强烈封建色彩的政治学说，重视个人的"仁、义、礼、智、信"的道德修养，并且适应时代之需而重新诠释。韩国鼓励以民间办学形式，系统进行中国文史哲典籍的讲习、补习、研习和研修，还十分重视民间节日等形式在日常生活中对青少年潜移默化的影响。

（二）主要借鉴经验

上述国家及地区对传统文化教育传承的实践经验，为我们分析中国优秀传统文化教育的相关问题提供了很好的视角、思路和方法，这些经验对我国优秀文化传承具有深刻的借鉴意义。

1. 开展更为广泛深入的调查研究

研究把握关于优秀传统文化教育现状的全景观，才能充分认识大力加强优秀传统文化教育的必要性、迫切性，并形成清晰的总体教育思路，有针对性地采取强力推进优秀传统文化教育的对策。现有的实证调查研究对象大多是被教育者，缺少对教育者相关教育状况的研究，应对教育者的传统文化认知状况进行普查和全面了解，尤其对相关师资队伍情况予以重点普查。现有的调查研究多局限在对大学生的文化知识、文化认同状况的调查，很少对中小学生进行相关考察研究。因而，不仅要调研考察大学教育阶段的传统文化教育状况，还应掌握中小学教育阶段的相关情况，尤其要深入了解应试教材课程中传统文化内容所占比例。此外，应当深入开展对台湾地区以及新加坡、韩国成功经验的实地调研和进一步分析借鉴，探讨优秀传统文化教育在当今中国社会的可行性。一是研究借鉴其完善制度保障机制；二是研究借鉴其系统的全方位设计；三是探讨传统文化教育与现代化思潮的相容性。

2. 凸显政府的强力主导作用

政府的强力主导，是大力推进传统文化教育的关键因素。只有建立政府主导、贯穿学校教育全过程、学生成长各阶段的相对独立的传统文化教育体系，大力推进系统、规范、深入的传统文化教育，才能彻底走出传统文化教育的困境。以往对各种教育因素进行简单加总的原因分析及所提出的教育对策，未能把握优秀传统文化教育缺失的实质问题。有鉴于此，应着重研究并反思政府和教育行政机关及相关教育制度保障不健全这一根本原因，从根本上把握政府在推进优秀传统文化教育中的主导作用。也就是探讨传统文化教育如何依靠政府的力量来提升战略高度的教育观念，巩固意识形态的政治方向，坚持立德树人的基本原则，明确文化传承创新的根本目标。进而，研究政府主导下的中国优秀传统文化教育政策体系的建构，探索学校教育与家庭教育、社会教育相结合、思想教育与礼仪教育并重、师资培养与学生培养相结合、学术研究与教育实践并重的全方位教育模式。此外，在研究思想政治教育与优秀传统文化教育相互结合的有效途径的基础上，应当进一步探索思想政治教育与优秀传统文化教育并推进的创新教育机制，开展传统文化教育与主流意识形态教育并行推进和相互促进的教育模式研究。以此明确马克思主义对中国传统文化教育的指导地位和中国优秀传统文化自身发展的相对独立性，探索思想政治教育创新发展与优秀传统文化传承创新之间相辅相成的思想文化育人规律。

3. 设计科学合理的总体方案

目前，我国高校主要通过有限的通识课程设置和第二课堂校园文化活动以及思想政治教育渠道进行传统文化教育，其教育途径、内容和效果十分有限，更何况，过多的传统文化教育任务也是大学不能承受之重。以全方位的有力措施建构长效机制，将传统文化教育贯穿国民教育全过程，将传统文化精神要素充分渗透于国民教育系统之中，不仅必要而且可行。为此，应当梳理优秀传统文化教育的总体思路，优化教育环节，提出以学校教育为主阵地的全方位实施传统文化教育的系统方案，形成从幼儿教育到大学教育，伴随青少年成长全过程的，各阶段有机衔接、循序渐进、科学合理的优秀传统文化教育总体方案，并相应制定适合学生成长各阶段、学校教育各阶段的量化的教育目标和具体实施规程。进而，深入探讨舆论宣传、民间办学、家庭文化教育与学校教育良性互动的有效途径。以系统的全方位设计，为实施中国优秀传统文化的教育工程提出科学合理、切实可行的政府决策参考建议，及时跟进指导中国优秀传统文化教育的发展进程，构建以学校教育为主渠道，带动家庭教育、社会教育，并覆盖全体公民的教育体系。

第六章　周秦伦理文化与思想政治教育相融合的原则和路径

一　周秦伦理文化融入思想政治教育遵循的原则

（一）坚持马克思主义的正确指导方向

1848 年《共产党宣言》的发表，宣告了马克思主义的诞生。自其诞生之日起，马克思主义便以势不可当之势日新月异地发展起来，指导着世界各地无产阶级的革命斗争与社会主义建设事业。马克思主义之所以成为指导各地无产阶级革命事业的科学理论，就在于其始终能够与各国革命的具体实际相结合，不断形成新的理论成果，保持了其自身的生机与活力，并推进了无产阶级事业的不断向前发展。正是在马克思主义理论的正确指导之下，近代中国才逐渐摆脱半封建半殖民地的受压迫状态，建立起社会主义新中国，走上独立自主、自力更生的中国特色社会主义发展之路。在新中国成立前夕，毛泽东就对认识和坚持马克思主义的重要性进行了总结，他指出："自从中国人学会了马克思列宁主义以后，中国人在精神上就由被动转入主动。从这时起，近代世界历史上那种看不起中国人，看不起中国文化的时代应当完结了。"① 到了改革开放时期，邓

---

① 《毛泽东选集》第四卷，人民出版社 1991 年版，第 1516 页。

小平指出："如果我们不是马克思主义者，没有对马克思主义的充分信仰，或者不是把马克思主义同中国自己的实际相结合，走自己的道路，中国革命就搞不成功，中国现在还会是四分五裂，没有独立，也没有统一。对马克思主义的信仰，是中国革命胜利的一种精神力量。"① 20 世纪 90 年代以后，江泽民继续强调坚持马克思主义指导思想的重要意义："坚持马克思列宁主义、毛泽东思想的指导地位，是我们立党立国的根本，也是社会主义文化建设的根本，决定着我国文化事业的性质和方向。只有这样，我们的文化建设才能沿着正确的道路健康发展，抵制和消除一切落后的、腐朽的思想文化影响，不断创造出先进的、健康的社会主义新文化，培养出适应社会主义现代化建设需要的有理想、有道德、有文化、有纪律的新人。"② 进入 20 世纪后，胡锦涛又进一步提出了"要巩固马克思主义指导地位，坚持不懈地用马克思主义中国化的最新成果武装全党、教育人民……不断赋予当代中国马克思主义鲜明的实践特色、民族特色、时代特色"③ 的要求。党的十八大以来，习近平总书记发表了一系列重要讲话，更进一步强调了坚持马克思主义指导思想的重要意义，习近平强调："要坚持马克思主义的方法，采取马克思主义的态度，坚持古为今用、推陈出新，有鉴别地加以对待，有扬弃地予以继承，既不能片面地讲厚古薄今，也不能片面地讲厚今薄古。"④

因此，我们必须坚持以马克思主义作为我国思想政治教育的指导思想，在周秦伦理文化与思想政治教育相融合的研究中要正确把握传统文化与思想政治教育的内在关系，正确把握传统文化在当代

① 《邓小平文选》第三卷，人民出版社 1993 年版，第 63 页。
② 《江泽民文选》第一卷，人民出版社 2006 年版，第 158—159 页。
③ 胡锦涛：《高举中国特色社会主义伟大旗帜，为夺取全面建设小康社会新胜利而奋斗——在中国共产党第十七次全国代表大会上的报告》，《人民日报》2007 年 10 月 25 日。
④ 习近平：《创造中华文化——关于建设社会主义文化强国》（《习近平总书记系列重要讲话读本》连载之七），《光明日报》2014 年 7 月 9 日。

思想政治教育中的应有地位。应该说，对中国传统文化的研究"必须坚持以马克思主义为指导，二者之间是支援意识与主导意识的关系"①，我们在努力挖掘周秦伦理文化的思想政治教育资源时，必须将其中国传统文化视为思想政治教育理论的支援性资源，而绝对不可本末倒置。

（二）坚持批判继承的原则

在探讨周秦伦理文化应该如何融入思想政治教育这一问题之前，我们有必要了解清楚传统文化与现代化之间的关系，对于二者的关系，有学者认为，"传统文化与现代性的关系大体包括四个方面：一是契合性，比如自强不息的进取精神，诚信为本的价值观念，可以成为现代化的内在动力。二是冲突性，比如传统的等级观念与现代平等理念，人治习惯与法治社会，群体至上与个性发展，中庸之道与社会竞争，伦理中心原则与物质利益原则，都存在着矛盾和冲突。三是潜现代性或准现代性，比如传统文化中的'民贵君轻，民为邦本，本固邦宁'、'水可载舟，亦可覆舟'，必须经过创造性转化，才能成为现代民主的'本土'思想资源。四是后现代性，在对工业文明负面效应和人文精神的弘扬方面，现代新儒学体现了某种后现代性，这是人类思想螺旋式发展的反映。"② 也就是说，在中国传统文化中，既存在可以直接古为今用的思想政治教育资源，也存在完全不适应当代思想政治教育需求的糟粕性内容，还存在必须要经过现代转化才可以发挥作用的思想政治教育资源，周秦伦理文化历史尤为久远，其也必然如此。因此，我们应当基于现代转化的视角，本着"取其精华、去其糟粕，古为今用、推陈出新"的原则，理性分析周秦伦理文化对于当代思想政治教育的价值。具体而言：

第一，坚持批判性原则。批判性原则是指对待文化不应该完全

---

① 方克立：《关于马克思主义与儒学关系的三点看法》，《红旗文稿》2009 年第 1 期。

② 郭建宁：《马克思主义中国化与建设共有精神家园》，《中国特色社会主义研究》2010 年第 5 期。

地接受或否定，而应该批判地继承，这也正是我们对待传统文化的正确态度。与世界上任何一种文化相同，中国传统文化既存在精华也存在糟粕，中国传统文化中的优秀精华培植了我们的民族精神，而中国传统文化的糟粕也形成了我们的国民劣根性。因此，在周秦伦理文化与思想政治教育相融合的过程中，我们应该秉承"取其精华，去其糟粕"的批判性原则对其进行理性审视，在吸收、融合其优秀精华的同时，还要对周秦伦理文化中的糟粕进行认真的批判和扬弃，以消除其对大学生思想造成的不良影响，使其适用于我们当前的思想政治教育；相反，如果我们照搬文化经典而不对其进行理性审视，就可能将其中的糟粕内容也一并带入思想政治教育中，从而对思想政治教育的发展产生阻碍的作用。

第二，坚持创新性原则。中华文明之所以历经五千余年而绵延不断，正是由于中国传统文化自身所具有的包容与开拓的自我革新精神，它才在与各种外来文化的不断冲突与碰撞中，能借鉴、吸收其精华并将其内化于自身，使中国传统文化不断突破自身缺陷，从而完成自身的发展创新。而近代中国之所以走向衰败，也正是由于其闭关锁国的自我封闭，使其不能突破自身缺陷，进而被同时期极富开拓扩张精神的西方文明所超越。因此我国当前的思想政治教育只有不断借鉴吸收传统文化以及其他西方文化中丰富的思想政治教育资源，才能改变其自新中国成立以来的重意识形态说教而轻文化化育的缺点，改变其陈旧僵死的内容与模式，不断开拓其发展创新的新视野与新渠道。

第三，坚持适度性原则。作为思想政治教育学科的研究方向之一，传统文化与思想政治教育研究是在诸多学科领域的交叉视野中进行的。我们在研究周秦伦理文化融入思想政治教育过程中必然要借用其他学科的理论成果，如中国哲学史、中国教育史中关于古代道德教化理论及其运行模式的研究，中国伦理学史、中国德育史中关于古代道德教育理论的研究以及其他学科的研究方法如中国哲学关于古代经典的解释方法、对中国传统文化价值的解读方法等。应当注意的是，这些学科的研究成果只是从方法论与研究内容上提供借鉴，而并不能取代思想政治教育学科的独有思考。只有在研究中凸显思想政治教育学科的独特立场，才能够使这一研究方向不至于被湮没在其他学科领域中无法脱身。因此，借鉴其他学科的研究成果或研究方法必须是适度的、有条件的，绝不能把其他学科的研究内容照搬过来，或者用其他学科的内容来拼凑思想政治教育的内容。

第四，坚持渗透性原则。与强制灌输原则不同，渗透性原则强调了文化对人的熏陶感染，使人们在潜移默化中主动接受新的知识、技能或思想观念等，它有助于发挥受教育者的积极性和主动性。因此，在周秦伦理文化融入思想政治教育的过程中，就要注重渗透性原则在思想政治教育实践中的运用，让大学生在潜移默化中培养良好的思想道德素质。

第五，坚持互补性与互容性原则。长期以来，我国的思想政治教育实践往往过分关注其意识形态功能而忽视其文化功能，这就使思想政治教育一直偏重于简单空洞的理论说教和意识形态的直接灌输，进而使其人文精神受到蒙蔽；传统文化的教育方式则正好弥补了现代思想政治教育模式的不足，二者存在一定的互容性互补性。二者的互容互补，有助于弥补当前思想政治教育模式的不足，引导思想政治教育模式的创新发展，进而增强思想政治教育的实效性。

二　周秦伦理文化融入思想政治教育的实现路径

(一) 将周秦伦理文化纳入思想政治教育范畴

20 世纪 90 年代，随着文化热在全国的兴起，《中国文化概论》课程在全国高校纷纷开设，成为普遍设置的大学生通识教育课程，但是这门课只作为大多数文科类学校的必修课，这就影响了传统文化教育作用的发挥范围，要想使更多的大学生得到优秀传统文化的洗礼，就要将这类课程设置成公共必修课，与外语、计算机、体育等课程要求一样，每个学生都必须学习并通过考试。授课过程中要加强课堂实效性，改变照本宣科的传统教学方式，通过视频、音频等课堂形式，增强传统文化对学生的感染力，争取学生的共鸣，引起学生的兴趣，让优秀传统文化课程成为学生最喜欢的课程，使大学生充分汲取优秀传统文化的养分。当前大多数高校思想政治教育与传统文化教育往往是分开的，二者作为人文学科，在大学教育中都是作为被轻视和忽略的科目存在的，而且学生在出勤率上最低。因为对于大学生而言，他们处在当下的社会，会觉得自己的这类课程无论如何也不能给自己带来最为直接的利益，所以容易走向虚无，觉得这种传统文化教育没有任何实际意义。这也从一个侧面说明，高校在教学制度设计环节没有对学生起到有效的引导作用，不利于营造良好的思想政治教育环境。因此，高校要将优秀传统文化课程和思想政治教育课程有机结合起来，不仅要创新课程，更要创新教材，让优秀传统文化走进大学生思想教育的体系，发挥其应有的作用。我们也应看到，在高校中对传统文化的研究随着近年来"国学热"的发展不断推进，中国人民大学首先在 2002 年成立孔子研究院，此后大学的儒学中心遍地开花，这的确是令人欣慰的现象。一些大学还开设专门的《论语》等儒家经典的通识教育课程，通过读经的形式弘扬优秀传统文化。一方面，教师可以引领学生从辞章考据方面来解决儒家经典中的理解问题，使学生可以更加深入透彻地对经典内容加以理解，也可以使传统文化能够薪火相传。当然这作为现代教育的一部分，是把经典教育看成纯粹的知识和技能来掌握，这远远不够。更重要的是另外一个方面，在教育过程中，汲取传统教育的精华，使学生在学习经典的过程中能够通过人道教化、生命实践，而反求诸己，推己及人。学习的不仅仅是道德训诫，还包括批判性思维和道德判断的能力。在优秀传统文化融入大学生思想政治教育的过程中，也要注意适应时代需要，当今的大学生，都面临着复杂的社会形势，思想政治教育课程必须使大学生认可和接受，帮助大学生解决生活中、学习中遇到的问题，将理论和实践结合起来，加深对传统文化的理解。再者，进行思想政治教育往往不会起到立竿见影的效果，要将课程内容渗透到大学的每个角落，存在于潜移默化中，努力将优秀的传统文化内化为大学生的道德观。

然而由于照搬"苏联模式"，新中国成立以后我国在思想政治教育实践中一直偏重于意识形态教育，只强调马克思主义哲学世界观的教育，而忽视传统文化的教育熏陶，思想政治教育的文化功能被排除出去。由于缺乏厚重的文化资源的支撑，当前高校的思想政治教育变得教条僵化、空洞枯燥、难以服众，陷入一种尴尬局面。目前，这种局面虽然有所改观，但仍未彻底改变。因此，我们有必要重新审视思想政治教育的文化功能。基于对思想政治教育文化环境的考量，为了改变当前这种尴尬状态，促进思政学科的创新发展，宝鸡文理学院依托地方文化资源和本校的学术力量，已经开始将周秦伦理文化中的经典内容作为思想政治教育重要的素材来源之一，纳入教育教学计划当中。开设全校必修课《周秦伦理文化概论》及公共选修课《周秦伦理文化经典导读》，讲授《周易》《诗经》《老子》《论语》《孟子》《大学》《中庸》《荀子》《韩非子》等经典，并揭示其现代价值，使学生在周秦伦理文化的熏陶下不断提高自身的思想道德素质和文化修养，实现思想政治教育的育人目标。思想政治教育工作者应该以高度的文化自信和理论自觉，不断推进周秦伦理文化与思想政治教育的互动融合，使优秀文化资源通过创造性转化成为思想政治教育的不竭源泉。面对思想政治教育的新任务和新要求，对周秦伦理文化资源的开发还需做大量艰苦细致的工作，对周秦伦理文化进行细致梳理和深入发掘，加以扬弃，切实做到古为今用，推陈出新，使其精华服务于思想政治教育。

要改善思想政治教育原有的课程设置。课程的开设，离不开一定的学科专业要求，目前传统文化与思想政治教育已成为思想政治教育学科的重要研究方向之一，因此，周秦伦理文化经典的内容也应该系统地体现在思想政治理论课程的设置中。然而检视当前学校的思想政治教育课程设置发现，思政理论课由必修课和选修课组成，其中，在由教育部统一规定和要求的必修课中，并没有设置系统的传统文化课程，在由各高校做出选择和安排的选修课中，传统文化的课程也并非每个高校都有设置。可见，虽然中国传统文化与思想政治教育已成为我国思想政治教育学科的重要方向之一，但其相关内容并没有系统地体现在课程设置中，课程设置落后于学科方向的建设。因此，在宝鸡文理学院的思想政治教育教学实践过程中，除了保证质量完成教育部统一规定和要求的必修思想政治理论课，还专门组织力量在全校开设了《周秦伦理文化概论》特色必修课，设计了教学流程，将"和而不同""自强不息""厚德载物""居仁由义""孝悌为本""忠勇报国""诚实守信""重礼敬贤""修身养性""返璞归真""知足寡欲"11 部分纳入教学内容。同时增设了相关中国传统文化的必修课程作为必要补充，在全校开设《周秦伦理文化经典导读》选修课，内容包括青铜器铭文中的美德导读；《周易》美德导读；《诗经》美德导读；《三礼》美德导读；《论语》美德导读；《孟子》美德导读；《老子》美德导读；《庄子》美德导读；《荀子》美德导读；《吕氏春秋》美德导读；《韩非子》美德导读，让大学生在接受传统经典熏陶的同时，也充分体现出宝鸡文理学院"在人才培养中注意吸收以周秦文化为核心的中国传统伦理道德教育的精髓和有益营养，实施人文素质和科学素质教育，搭建实践教学基地平台，全面提高师范生教育教学能力，为地方基础教育和经济社会发展做出了重要贡献，形成了鲜明的办学特色"的办学定位。通过周秦伦理文化经典融入大学生思想政治教育的改革实验，不断推进优秀传统文化与思想政治教育相融合。

要在教学素材中增加周秦伦理文化内容。教材是进行思想政治教育教学的必要载体，目前绝大多数高校思想政治教育理论课使用的是教育部的统编教材，这些教材的"概论""纲要"性，决定了其很少能体现优秀传统文化的内容。因此，教师有必要在备课过程中，有意识地将周秦伦理文化经典内容融入教案中，作为统编教材的教学素材和案例加以使用，使教学的内容变得更加有血有肉和丰富多彩。我们知道，课堂是学校进行思想政治教育的主要阵地。通过课堂，课程才能落到实处，教材方能变活，教案才可实施。因此，教师可以通过影视作品的播放、文化专题的讨论、文化论题的激辩、文化名著的导读、经史子集的解读、名篇读后交流等多种形式，将周秦伦理文化引入思想政治教育的课堂教学中，结合思想政治理论课的教学，围绕普及和弘扬中国传统文化知识，培养学生对传统文化的兴趣与爱好，为思想政治教育营造浓厚的传统文化氛围，提升思想政治教育的实效性。同时，举办周秦伦理文化相关讲座。学术讲座是学校进行思想政治教育的有益补充形式，宝鸡文理学院在思想政治教育的课堂教学之外，从受教育者关注的热点、难点、焦点等问题出发，配合思想政治教育的开展，有选择地邀请相关领域的专家、学者设坛开讲，举办了多期"周秦伦理文化大讲坛""周秦伦理文化沙龙"，实现了优秀传统文化传承与思想政治教育的"双赢"。当然，值得注意的是让学生在听这些讲座的同时，最主要的是激起他们去辨别去探讨的兴趣。如果他们只是对"讲"本身感兴趣，这种引导的效果就会大打折扣。

（二）优化思想政治教师队伍

《中共中央国务院关于进一步加强和改进大学生思想政治教育的意见》明确提出："所有从事大学生思想政治教育的人员，都要坚持正确的政治方向，加强思想道德修养，增强社会责任感，成为大学生健康成长的指导者和引路人。"因此，优化思想政治教师队伍是十分必要的。作为思想政治教师更应该提高自身素养和能力，做好"传道、授业、解惑"的重要任务。但是目前，思想政治教师队伍中很多教师缺少相应的职业素养，对周秦伦理文化缺乏系统研究，自认为思想政治教育课程很简单，对课程敷衍了事，这就使课程的效果大打折扣，起不到应有的作用。优化教师队伍，要采用多种有效途径，打造合格的指导者和带头人，中青年教师要有一个传统文化经典"再学习"的问题，这需要耗费较多的时间和较大的精力，这也是一个现实问题。因此，必须加强这一领域的教师队伍建设。可以邀请不同学科的专家对传统文化与思想政治教育这一研究方向的教师进行有针对性的培训或讲授，增强他们对周秦伦理文化与思想政治教育这两个方向的综合交叉研究能力。要增加相关研究方向的科研项目和学术研讨交流机会，使其在深层次学术交流探讨中增强对两种学科知识的融合度。要提高相关科研项目经费，提高相关专业教师与科研工作者的待遇，增加教师与科研工作者的专业认同度。此外，还要适当增加教学任务，使他们在教学活动中进一步提高教学能力，改进教学方法。

一是要端正教师教学态度，坚定其信仰。要通过培训，端正教师的教学态度，要求教育工作者首先要有共产主义信仰，过硬的理论功底。同时，将思想政治教育课当作极其重要的学科对待，自觉改进教学方法和教学手段，严于律己、忠于职守，提高教育成效。教师以身作则，才能够带动学生学习的积极性。信仰的建立依靠科学理论的学习和把握，信仰的坚定取决于队伍理论素养的提高。教育工作者要有共产主义的信仰，在打好扎实的理论功底的基础上，采取批判继承的态度对待传统文化，汲取周秦伦理文化中的精华资源，才能树立坚定的社会主义信念，自觉为社会主义现代化建设服务。

二是要丰富教师的传统文化知识。周秦伦理文化内容丰富，博大精深，所以，作为思想政治教育工作者，首先必须全面掌握，深入研究周秦伦理文化的深刻内涵。同时，思想教育工作者还要有意识地学习历史学、美学、古代文学、艺术等方面的知识。在此基础上，提高分析研究能力、调查观察能力、宣传表达能力、组织协能力、自我调控能力等。这样，思想教育工作者既懂专业知识又懂相关周秦伦理文化知识，同教育对象的共同语言多，容易沟通思想，所进行的教育和批评，有较强的说服力和感染力，也比较容易使人心悦诚服。博学的教师往往能够取得学生的拥戴，所以要丰富教师的知识，全面细致地领会传统文化的内涵。有意识地学习文学、书法、艺术、历史等方面的知识，让丰富的知识武装教师队伍，让教师散发个人魅力，只有这样才能够赢得学生的喜欢，让周秦伦理文化课"活"起来，让学生对其产生浓厚兴趣。

三是要加强教师的教学能力。教师端正态度、丰富知识的同时，也要提高自身的专业技能，提高教学能力。新媒体的兴起很大程度上改变了大学生的生活、学习方式，所以教师也要与时俱进，学习先进的教学手段，熟练操作多媒体设备，丰富大学生思想政治教育课堂内容和形式，用更符合时代的、易于大学生接受的教学方式来授课。将周秦伦理文化教育渗透到大学生的日常行为、人际交往、职业实践中去，逐步形成大学生美德修养共识，培育具有周秦伦理文化特色的博雅君子人格。

四是要引导教师关注现实，提升研究能力。理论研究唯有对社会现实做出积极回应，才能获得持续发展的源头活水。在思想政治教育中，对周秦伦理文化中的思想政治资源的挖掘与阐释不应当仅仅陶醉于概念的界定与理论体系的呈现，更为重要的是，应该能够对人们所关注的现实问题做出有效的回应，使理论研究获得开阔的视野与济世的情怀。因此，关注社会现实，从实证调查入手，在寻找问题、引入问题中确定研究的切入点，不断开拓学术视野，是周秦伦理文化与思想政治教育相融合研究的重要途径，是相关专业教师应该广泛运用的研究方法。

五是要求教师言行一致。作为教师，也应该通过周秦伦理文化的讲授不断提高自身的修养和素质。教师的作用为"传道、授业、解惑"，但现在很多高校教师不同程度地把自己的职业仅仅看成是谋生手段，不注重自身言行。教师没有以身作则，学生又怎会信服？"其身正，不令而从；其身不正，虽令不从"，思想教育工作者要用优秀的中华传统美德规范自身的言行，重视以自己的道德表率和模范作用来影响教育对象。教育工作者要忠于职守，严于律己，在理论和实践上提高自身的修养。这样以身教和言教并举，言行一致，就具有很大的感召力和号召力。如果没有与宣传一致的行为，宣传就会成为空洞的说教。

（三）创新思想政治教育方法

当代大学生多为"95后"，他们身上有深刻的时代印记，易于接受新鲜事物，所以当代大学生的思想政治教育一定要采用新方法、新途径，因材施教，利用高科技手段，将优秀传统文化应用于思想政治教育途径，在教育的方式上可以采用多种手段，发挥创新思维，丰富大学生思想教育的形式，如灌输法、榜样激励法、奖励法等多管齐下，提高大学生思想政治教育的质量和效果。

1. 榜样激励法

马斯洛在1943年提出了需求层次理论，他将人的需求分为：自我实规需求、尊重需求、社交需求、安全需求、生理需求。该理论揭示了人的行为与内心需求之间的科学联系，而这诸多的需求之中，最高的乃是自我实现，这就为榜样激励研究奠定了理论基础。"榜样的力量是无穷的"，具有很强的号召力和影响力。榜样能给大学生带来力量，激发学生的潜能，让学生树立人生目标；能够触发人们内心深处的仰慕，不断激发人的上进心，为了实现自我，人们便会自觉地去效仿，朝着理想的价值目标去奋斗。在周秦伦理文化中有许多脍炙人口的故事和鲜活的人物榜样，容易被大学生所接受。如果能充分发挥榜样的示范作用和激励作用，可使思想政治教育的内容变得更具有信服力，教育效果也会大大提高。树典型、推典型对大学生素质教育具有重要意义，周秦伦理文化中的榜样人物，涉及各个方面，教师及受教育者自身可以以此为激励自我的方式，充分发挥榜样的力量，使思想政治教育的内容更加令人信服，提高教育的效果。

2. 灌输教化法

教育的研究者也好，高校也好，大家都认为优秀传统文化很重要，要取其精华，去其糟粕，但是大家对传统的教育方式弃置一边，探讨创新的教学方法，这本身恰恰反映了对传统文化的不重视。现在强调素质教育，所以大家不顾一切地呼喊传统的方法应该抛弃，对于基础知识的掌握仿佛成了众矢之的，认为是一种抹杀学生理解力的教学方法。但是，没有了对知识的最基本的掌握如何谈创新与批判？比如对于历史人物进行评价时，有的同学并没有全面掌握材料，而只是简单地从主观出发进行评述，这样是起不到锻炼和培养思维的效果的。当然，这种利用传统方式进行传统文化的传授并不是要否定新方法的应用和探索，而是要针对具体的情况分别对待。灌输教化法就是通过学校的传统文化理论教育，以增进学生对传统文化的认知和认同，这是一种传统的教育方法，是最传统的教学手段，也是不可缺少的手段，只有经过最直接的理论学习，才能形成系统性、全面性、条理性的理论素养，政治理论知识对于大学生的思想政治教育也是十分重要的，优秀传统文化的教学，也离不开知识和内容的灌输，没有内容的灌输，就不可能引导学生融会贯通，内化为自身的素养。所以，必须将传统文化知识融入日常的教学之中，讲授课本知识，让学生对优秀传统文化形成系统的认识。

孔子主张"以德化民""道之以政，齐之以刑，民免而无耻；道之以德，齐之以礼，有耻且格"。道民以德，齐民以礼，就是"教化"。孔子其教化过程比喻为风吹草偃："君子之德风，小人之德草，草上之风，必偃。"要利用多种途径，加强对学生进行传统文化的灌输，并切实落实到现实生活中去。当代大学生对周秦伦理文化知之甚少，传统文化意识十分淡漠。因此，应该充分挖掘利用周秦伦理文化的内涵，在大学生当中大力提倡"孝道"、礼仪，不能让"圣诞节""情人节"来挤占"春节""元宵节""中秋节""端午节"。当代的大学生之所以对中国传统的节日没有兴趣，是因为他们传统文化这一"课"欠缺太多，而我们又没有给他们补充，使他们身上缺少了中国传统文化的根基。鉴于这种情况，我们必须要将周秦伦理文化的理论知识，渗透进日常的教育教学之中，也就是要在学生吸收必需的课本文化知识的同时，用周秦伦理文化浸染和熏陶他们，让他们了解周秦伦理文化中关于修身、处世、立志、勉学等方面的经典章句，了解周秦伦理文化中所蕴含的正确的人生观、价值观，从而让他们自觉地接受其中积极的道德规范和行为习惯。对大学生的思想政治教育的灌输与教化应与时俱进，而非一成不变地满堂灌，应贴近学生的实际需求，了解他们的心理动向，更要有针对性地开展工作。

3. 言传身教法

周秦伦理文化融入思想政治教育，不仅要通过言教灌输思想理论，更重要的是以身立教。古人云，"其身正，不令而行；其身不正，虽令不从"。教育者的一言一行都会对受教育者产生潜移默化的影响。如果思想政治工作者按所教授的伦理文化去做，履行自己所传授的知识，大学生就会产生一种崇敬、佩服的感觉，就会形成巨大的说服力、感染力和号召力。思想政治工作者应是学习榜样的带头人，只有自己精通并恪守周秦伦理文化知识，才能积极引导大学生把教育者宣传知识作为自己行为的标准。

4. 奖励法

奖励法是学生获得成就感的一种方式，能够提高学生学习的积极性，获得自我的满足。一般来说，奖励分为精神奖励和物质奖励，参考我国政府机关、事业单位年底都会设"精神文明奖"，高校也可以设立"精神文明奖"，颁发给表现优秀的院系和学生，并对其事迹进行宣传和推广，营造良好的优秀传统文化教育的校园风气。奖励法有助于让大学生体会到自我实现的价值，帮助大学生树立正确的世界观、人生观、价值观，帮助大学生更好地成长。

途径和方法是为教育内容、教育目的服务的。不同的时代，不同的思想政治教育内容，决定了不同的教育途径和方法。毛泽东反对用千篇一律、单调的方法看待思想政治工作，主张用群众喜闻乐见的多种形式吸引群众，宣传群众，达到思想政治教育工作的目的。同样，我们面向现在的大学生开展思想政治教育工作，传授周秦伦理文化，就要灵活使用多种教育方法，才能达到最佳的教育教学效果，传统文化是我们中华民族的文化遗产，高校是培育未来社会发展中流砥柱的重要场所。所以作为高校，应该责无旁贷地选择最为有效的教育途径和教育方法，使大学生在中国特色社会主义建设中能够终身拥有这种优秀传统文化的精神。

（四）构筑"一体化"的教育网络

思想政治教育环境对人的思想的影响是无形的、潜移默化的。重视环境对人品德的影响作用，倡导选择良好的环境培育人的美德，是我国传统道德教育的一大特色。我国古代的思想家都十分重视环境对人的潜移默化的作用，"近朱者赤，近墨者黑""蓬生麻中，不扶自直""孟母三迁""择邻而居"，都充分说明了环境对人的教育的影响作用。所以，我们应该重视"合力育人"的传统，把学校、家庭、社会等方面教育领域结合起来，构建教育一体化网络，形成目标一致、功能互补的教育合力，才能取得最佳的教育效果。大学生思想政治教育不单单是学校和教师的责任，还需要全社会的共同努力，来为大学生营造良好的环境，为大学生成长成才开辟道路，建立"四位一体"的思想政治教育模式。

1. 营造良好的传统文化社会氛围

历史经验告诉我们，任何民族在任何时代发展文化，必须重视弘扬本民族的传统文化，一个国家或民族如果离开了本民族的传统文化，就会丢掉文化之根、文化之魂，失去发展的方向。党的十八大报告也明确提出要树立高度的文化自觉和文化自信，建设优秀传统文化传承体系，弘扬中华优秀传统文化。社会文化环境通过融合在人们周围的各种教育因素，间接地潜移默化地影响人的思想面貌和价值取向，影响思想政治教育的内容和方式；同时，思想政治教育也需要社会大环境的支持和帮助，只有整个社会认同、重视中国传统文化，才有中国传统文化与思想政治教育相融合的土壤和基础。以高度的文化自觉和自信营造全社会重视传统文化、发展传统文化的良好氛围是时代的呼唤，也是全社会的责任和义务。我们应该吸取历史的经验教训，客观地认识中国传统文化，批判地继承中国传统文化中的优秀部分，为中国传统文化与思想政治教育的融合营造良好的社会氛围。是复杂的社会环境，也给思想政治教育工作带来影响。良好的文化环境就要求社会有正确的舆论引导，通过优秀的文化产品和文化活动来满足人们的精神需求。

首先，作为弘扬传统文化教育的领导者和推动者，国家和政府要在思想上高度重视传统文化教育在全社会的推广工作，要重视对中华优秀传统文化资源的挖掘和运用，在全社会开展丰富多彩的中国传统文化活动，并配合以相应的制度建设，通过起草出台加强传统文化教育的文件，从领导体制、规章制度、经费投入等方面提供保障，确保中国传统文化教育活动能够在全社会持续稳定地开展下去。如可以通过加强对我国非物质文化遗产的保护和宣传，完善法规、制度措施，强化全民保护意识，培养弘扬传统文化的社会风气和良好习惯；通过拓展传统文化的舆论空间，在学校、工厂、商业街、车站、机场、码头等公共场所，设置标语、图片、宣传画等载体，展示中国传统文化，让人们生活在优秀传统文化的氛围中，时时处处接受传统文化的教育，感受传统文化的魅力；通过大力弘扬优秀传统文化，多制定有利于大学生学习优秀传统文化的政策，为大学生接触优秀传统文化提供更多的平台，在政策和经费方面予以支持。政府部门只有在思想上重视、在经费上落实、在行动上支持，传统文化教育才能开展并持续下去。

其次，大众传播媒介是传统文化的传播者。通过报纸、杂志、广播、电影、电视等大众媒体向人们发布大量的信息，传送中国传统文化信息，引导社会舆论，以保持与社会的沟通。如可以通过新闻媒体设专栏、办专刊，介绍中国传统文化，开展传统文化研讨活动，加大宣传力度，展示传统文化之美，形成舆论环境；可以开展以弘扬传统文化为题材的创作演出活动，让传统文化走上艺术舞台，进入影视节目和文学作品，在潜移默化中培养人们对中国传统文化的兴趣与爱好，让人们接受传统文化知识。传播媒体要发挥自身功能和作用，特别是广播、电视、报纸等传统媒体，要进行正确的舆论引导，大力宣传优秀传统文化知识，营造优秀传统文化传播的氛围。

最后，广大社会团体、公共部门应该是传统文化环境的塑造者。社会团体和公共部门要最大可能地为大学生开放相关资源，让越来越多的大学生走进历史文化场所、走向文化舞台、亲近传统文化。尽可能为大学生了解优秀传统文化提供机会，特别是加强图书馆、博物馆、文化馆的建设。社会文化环境通过融合在人们周围的各种教育因素，间接地、潜移默化地影响人的精神面貌和价值取向，影响思想政治教育的内容和方式。只有全社会都形成了正视、重视中国传统文化的良好氛围，才能使其更好地融入思想政治教育，传统文化与思想政治教育的融合，就不仅是应然之态，更是实然之举。在我们的国家，营造良好的文化环境，要求以科学的理论武装人，以正确的舆论引导人，以高尚的精神塑造人，以优秀的作品鼓舞人。这种文化环境不仅能够满足人的精神文化需求，而且可以使人的思想品德得到健康发展。

2. 发挥学校的教育主阵地作用

大学是优秀传统文化融入思想政治教育的主要场所。思想政治教育工作者田建国提出了"泡菜水理论"——即泡菜水的味道决定了泡出来的萝卜和白菜的味道。这就是说，学校的全部工作就是要调制好这个"泡菜水"，努力营造出具有中国传统文化意蕴的文化氛围，让学生身处其中，感悟、理解、思考，从而提升大学生的道德水平。

课堂是大学生接受教育的主渠道，也是大学生思想政治教育中开发与利用优秀传统文化资源的重要场所，在高校思想政治理论的教学中，要把学习传统文化与高尚情操的陶冶结合起来，要把传统文化与大学生关注的热点和难点结合起来，借助优秀传统文化提高大学生在现实生活中对善恶、美丑、真假判别的能力。在课堂的教育内容上，应该把优秀传统文化内容引入教材、引入课堂，扩充高校思想政治理论课中优秀传统文化教育的知识，增加传统文化知识的传授量。深入浅出、循循善诱的教学，可以使中国优秀传统文化入耳、入脑。思想政治理论课教师应该改革教学方法，充分利用现代教育技术，采用学生乐于且好接受的方法认知中国文化，学习传统美德，有效地发挥传统文化在大学生思想政治教育中的重要作用。

实践是学校开展思想政治教育的第二课堂，也是中国传统文化融入思想政治教育的有效途径。教育不能脱离实践"坐而论道"和"闭门造车"，在配合思想政治理论课程和文化课程学习的同时，还应该在大学生中开展富有传统文化内涵的实践活动，增强教育的有效性和吸引力。实践活动要以大学生为主体，由教师主导组织和展开。大学生既是组织者也是参与者，活动既是理论学习的延伸，也是大学生传统教育学习的深化。传统文化的学习可以采取理论学习研讨型、文艺活动型、实践型等多种形式。这些丰富多彩的校园文化活动形式有利于大学生中国优秀传统文化教育的深入和内化。可以通过定期邀请"国学"名师、专家开展系列讲座，指导学生阅读经典著作，组织大学生开展体现中国传统文化的古诗朗诵比赛、历史事件演讲、中华经典美文诵读等活动；可以通过展开中国传统文化的知识竞赛和板报比赛、优秀影视的展播、传统文化艺术展的建设等校内的实践活动以及历史遗址的现场教学、文物古迹的参观考察、名人古迹的重走探访、非物质文化遗产的观摩体验、文化遗产的普查统计等校外的实践活动，提高学生的传统文化素养，增强学生对中国传统文化的保护意识和传承责任感等；可以组织学生积极参加青年志愿者活动、社区实践活动等，让学生在实践中体验优秀传统文化的精神力量。这些丰富多彩的活动，都能增强大学生的民族凝聚力和集体主义精神，使他们养成良好的思想道德素质，做到知行统一。

校园文化是在大学教育理念指导下，通过对独特文化的具体活动的发展形成的。良好的创新环境是创新型人才培养的必要条件。

环境对教育的作用历来为教育家所重视，校园文化作为一种德育环境，对大学生的思想品德的形成具有直接、深刻、持久的作用，使大学生在不知不觉中潜移默化地接受影响。建立一种健康、良好的校园文化是实现人才培养的一个重要途径。① 要使道德教育收到更好的效果，校园文化环境建设不可缺少。良好的校园文化环境能以特有潜在的方式提高大学生的综合素质，滋润大学生的心灵，对学生形成正确的世界观、人生观和价值观发挥重大作用。校园文化包括校风、学风、文化氛围等。校风是校园文化的本质表现，是学校环境中无形的教育因素，对学生的思想品德、学习生活产生潜移默化的影响。优良的校风能激发学生学习的积极性，培养学生的品格，磨炼人的意志，增强集体的凝聚力。优良的校风，可以提高大学生学习的自觉性，促使他们认真刻苦，严谨求学，做到"德智体美"全面发展，并自觉地接受传统文化教育。同时，学校还应重视校园的硬件设施和环境布置，这些都会对学生产生无形的影响。修建包含中国传统文化因素的建筑、橱窗、板报、横幅、标语、路牌，乃至草坪中的警示牌，都能成为优秀传统文化教育的重要内容。这样不仅能传递给学生富有教育意义的思想信息，而且能催人奋进，助人自律。

3. 重视传播媒介的载体作用

大众传媒是弘扬优秀传统文化的有效平台和重要载体。就学校而言，选择广播、电视、报纸、杂志等载体，通过通俗易懂、具体生动的电影、电视、文献读物等，对大学生进行优秀传统文化教育。学校应根据学生思想状况和师资力量，精选中国优秀传统文化的书籍或文章，引导学生学习相关的传统文化读物，如李泽厚的《论语今读》、林语堂的《老子的智慧》等；组织开展读书交流谈心活动，既能够拓宽知识面，增加自身的文化内涵，丰富学生的精神生活，也容易提高学生的道德品质和思想修养；可以组织学生观看

---

① 王伟廉：《高等教育学》，福建教育出版社 2001 年版。

一定数量的有关反映传统文化或重大历史题材的经典影视剧，有助于学生树立正确的审美观与价值观。

在此基础上还要开辟网络教育阵地。当今社会已经进入了网络时代，网络改变了人们的生活方式，也成为高校教育的一个重要方式。网络可以为学生最快捷、最便利地获取信息提供帮助，丰富学生知识。所以高校一定要扩展传统文化教育途径，开辟网络教育阵地，发挥网络的作用，在网上搭建传统文化的教育平台，为大学生更好地接受思想政治教育提供条件。高校要加强网络阵地的建设，建立有特色、有针对性、有影响力的校园思想政治教育的专门网站，即"红色网站"。通过校园网站，可以创新传统文化传播方式，打破时空限制，将理论变成音频、视频展现给大学生，使学生身临其境地感受中国优秀传统文化的魅力。校园网络的构建，可以大大缩短教师和学生的距离，让学生潜移默化地受到教育，而且可以针对学生学习生活中遇到的困惑及时加以解答。结合中国传统文化积极开展生动活泼的网络思想政治教育活动，形成网上网下思想政治教育的合力。目前全国做"红色网站"的高校已达 260 余所，占全国高校的五分之一。实践证明，"红色网站"是高校开展网络思想政治工作的必要举措，并取得了初步成效。我们可以汲取中国传统文化的精华，通过文字、图像、声音和动画，打破时间与空间的限制，使抽象的理论与形象的感官刺激相结合，使学生从中感受到传统文化的魅力。同时开展以传统文化为主题的网页设计比赛，中国重要历史人物和历史典故微课比赛等，能激发大学生学习优秀传统文化的积极性，自觉继承和弘扬传统美德。

除了校园网络的构建之外，也必须加强网络环境的净化，网络是信息的集散地，各种信息鱼龙混杂，大学生的思想方面还没有完全成熟，辨别是非的能力还不够，网络信息量大，信息内容繁杂，一些负面信息很容易影响到大学生的健康成长。所以，思想政治教育工作者要熟练掌握网络技术，及时对大学生进行正确引导，对网上传播的信息进行客观的分析和探讨，并将优秀传统文化教育引入各大专题论坛、网络平台、QQ群、校内网，让网络对大学生发挥思想政治教育作用，为他们的思想政治教育开辟更多的渠道。

传统文化历史悠久，而互联网才诞生不久，所以，目前二者的结合也是处于刚刚起步阶段，它们的融合还需要一段时间。现在高校所要做的就是迅速在网络上搭建传统文化的教育平台，为大学生学习传统文化提供良好的条件。借鉴网络，融传统文化于思想政治教育之中，应注意以下几个方面的问题。

（1）要更新观念，具备良好的心态，不要急于求成。传统文化的梳理工作是一个浩瀚的工程，将其移入网络要在稳定中缓步前进，这有利于传统文化的筛选。

（2）运用网络，构建具有中国传统特色的思想政治教育网站。网站之中含有中国优秀的传统文化，同时大力开发传统文化教育软件，使之成为思想政治教育的重要渠道。

（3）利用网络多媒体技术，使传统文化的教育内容化抽象为具体，化枯燥为有趣，化不解为理解。

应该认识到，网络时代的到来，为更好地继承传统文化带来了更为高效的技术手段，同时也给思想政治教育工作提出了更高的要求。因此，思想政治教育工作者必须努力掌握新媒体技术，充分利用科技手段，来传承中华文明，更加有效率地完成思想政治教育目标。

4. 关注家庭伦理道德教育

家庭是社会的基础，是社会的基本组织形式，对社会有着不可忽视的影响。中国一直以来就是一个注重传统伦理道德文化的国家，古语有云"修身，齐家，治国，平天下"，可见家庭对整个社会的基础性作用。家庭伦理道德教育水平直接影响到整个社会的道德水平。"父母是孩子的第一任老师"，优秀传统文化通过家庭感染和父母的言传身教可以对孩子起到潜移默化的作用，教育的最基础阵地在于家庭，父母对孩子的影响是最直接的。在家庭教育中，家长要本着载体与精神并重的教育原则，重视并有意识地对孩子进行家庭伦理道德观念教育，从小灌输诸如孝悌、慈爱、和睦、友善、尊老爱幼等传统美德。家长要营造良好的家庭氛围，为孩子接触优秀传统文化提供有利条件，不仅要向孩子提供中国传统文化方面的图画和书籍，而且在与子女沟通中要多引用中国传统文化经典故事，引导孩子养成传统美德，如勤俭节约、敢于担当、尊老爱幼等传统美德。更重要的是，身教重于言传，家长要用中华民族的传统美德来要求自己，起到模范性"身教"的作用，营造温馨和谐的家庭环境。

除了外因之外，大学生也应该加强自身道德修养，不论是何专业，都应该在认真学习专业知识、提高自身技能的基础上学习优秀传统文化，汲取传统文化中的精华，克己修身，培养自身的爱国主义精神，同时培养对社会的责任感，勇于担当和奉献。

作为一个具有极为悠久历史的伟大民族，中华民族勤劳而睿智的先祖们曾在今天的宝鸡地区创造出光彩夺目的周秦文化，为中华文明的发展和人类文明的进步做出了不朽的贡献。我们的周秦伦理文化中丰富的文化遗产和教育资源，在为促使我国成为一个统一的多民族国家的历程中，发挥了巨大的历史作用。英国历史学家汤因比由衷地赞叹："就中国人来说，几千年来，比世界任何民族都成功地把几亿民众，从政治文化上团结起来，他们显示这种政治、文化上统一的本领，具有无与伦比的经验。"传统文化中丰富的思想政治教育资源也使我们的民族文化本身凸显出鲜明的道德本位色彩和伦理化倾向，而这种崇尚道德的价值定位，使周秦伦理文化所具有的思想政治教育功能为我们现在的思想政治教育活动提供了许多有益的启示。在社会主义先进文化的建设进程中，传统文化与思想政治教育相融合的研究将会大有可为、独具异彩。

结　语

　　任何一个国家和民族在其社会历史发展过程中都不能回避或漠视的问题，就是与其生息化育和发展壮大休戚与共、不离不弃的传统文化。传统文化是特定民族和国家在长期的历史演化中积淀下来的物质文明、政治文明与精神文明的结晶，也是其特有的思维方式、价值理念和精神状态的体现。作外一种厚重的历史积淀和深沉的社会意识，它已经潜移默化地渗透到国家和民族的社会心理的底层，对于人们的价值观念和行为样态发挥着难以忽略的作用。中国传统文化是在长期历史积淀中形成的一种以人文关怀为特征的伦理型文化，它"以德性的态度面向世界，寻求在天与人，内与外，知与行的统一中实现生命的潜能和意义"。这种以人类的基本生存和普遍发展为内在尺度的价值取向，不仅使中国文化有了"一个很好的传统"，即"在国内多民族文化融合和中外文化交汇中，善于吸收其他民族文化的长处来不断地充实、调整、更新自己"，终至形成中华民族宽厚仁爱的基本性格，为我国当代思想政治教育提供了取之不尽的精神营养；而且对于我们解决全球化时代人类所面临的道德危机也具有重要的借鉴价值。著名学者汤一介先生就曾经说过："在全球化的形势下，孔子的儒家文化作为'轴心文明'的重要一支，……我们可以预见它将得以'苏醒'，得以'复兴'，以贡献于人类社会。"知名专家何克抗先生也明确强调："实施以孔子为代表的教育思想，是一种既有哲学的高度，又包含有科学的可操作性的综合解决方案。"值得提出的是，当代世界是多元文化并存的时代，对于作为世界文化之重要一元的中国传统文化的期许和赞赏是应该肯定的。

作为中华文明源头的周秦伦理文化积淀了丰富的道德学说，形成了较为完备的道德教育体系，不仅给历史上的炎黄子孙以积极的熏陶，塑造了他们的心理结构、情感方式、审美观念和行为模式，而且还穿越时光的隧道，以其鲜明的文化个性给当代中华儿女的价值选择和精神追求以深刻的启迪，并提供了丰厚的思想营养。更为我们当前的思想政治教育提供了目标、原则、内容以及方法等方面的丰富资源。

作为一种以德摄智的伦理型文化，周秦伦理文化以其蕴含的丰富的思想道德教育资源，彰显出独到的育人功能。而这种育人功能，则使其成为思想教育的重要的历史前提和必不可少的文化语境。我们只有尊重历史，才能尊重现实。教育的作用也许就在于将我们经得起历史考验的最优秀文化传给青年一代，培育良知，教化人类。从其基本职能上来说，周秦伦理文化不但以其博大精深的渊源和包罗万象的内涵孕育出以爱国主义为核心的团结统一、爱好和平、勤劳勇敢、自强不息的伟大民族精神，而且以其强烈的入世理念和崇高的道德追求打造出一代又一代践行修齐治平的典范和国而忘家、公而忘私的志士仁人。因此，从这一意义上来说，周秦伦理文化在思想政治教育工作中理应享有重要的地位。但客观地说，我们对于周秦伦理文化的研究和普及的工作，也才刚刚起步，还需要进一步深入研究并解决将其纳入思想政治教育体系以后所引起的思想政治教育理念、教育方法、学科规划、教材体系以及教师队伍建设等一系列问题。因此，我们要实现周秦伦理文化在教育领域的持续发展和取得良好的教育效果，还有一段很长的路要走。可以说，周秦伦理文化的民族凝聚功能以及追求和合统一的价值取向，正是我们当前思想政治教育工作创新的内在追求，二者的默契昭示了新时期思想政治教育事业发展的基本方向，而努力促使这一目标的早日实现，则是我们广大教育工作者的神圣使命。

参考文献

［1］陈秉公主编：《思想政治教育学》，吉林大学出版社 1992 年版。

［2］邱伟光主编：《思想政治教育学概论》，天津人民出版社 1988 年版。

［3］陆庆壬主编：《思想政治教育原理》，高等教育出版社 1991 年版。

［4］苏振芳主编：《思想政治教育学》，社会科学文献出版社 2006 年版。

［5］仓道来主编：《思想政治教育学》，北京大学出版社 2004 年版。

［6］陈万柏、张耀灿主编：《思想政治教育学原理》，高等教育出版社 2007 年版。

［7］邓球柏：《中国传统文化与思想政治教育》，首都师范大学出版社 1999 年版。

［8］沈壮海：《思想政治教育的文化视野》，人民出版社 2005 年版。

［9］赵康太、李英华：《中国传统思想政治教育理论史》，华中师范大学出版社 2006 年版。

［10］都培炎：《"思接千载"和"与时俱进"——中共对中国传统文化认识的历史考察》，华东师范大学出版社 2007 年版。

［11］顾友仁：《中国传统文化与思想政治教育的创新》，安徽大学出版社 2011 年版。

［12］梁漱溟：《梁漱溟全集》第 3 卷，山东人民出版社 1990 年版。

［13］梁漱溟：《梁漱溟先生论儒佛道》，广西师范大学出版社 2004 年版。

［14］张祥浩：《中国传统思想教育理论》，东南大学出版社 2011 年版。

［15］《金明馆丛稿二篇·冯友兰中国哲学史下册审查报告》，上海古籍出版社 1982 年版。

［16］牟宗三：《牟宗三集》，群言出版社 1993 年版。

［17］唐君毅：《唐君毅集》，群言出版社 1993 年版。

［18］冯天瑜等：《中华文化史》，上海人民出版社 1990 年版。

［19］许思园：《论中国文化二题》，《中国文化研究集刊》第 1 辑，复旦大学出版社 1984 年版。

［20］李泽厚：《中国现代思想史论》，天津社会科学院出版社 2003 年版。

［21］张立文等主编：《传统文化与现代化》，中国人民大学出版社 1987 年版。

［22］司马云杰：《文化社会学》，中国社会科学出版社 2007 年版。

［23］李秀林、王于、李淮春主编：《辩证唯物主义和历史唯物主义原理》（第五版），中国人民大学出版社 2004 年版。

［24］张锡林、孙实明、饶良伦：《中国伦理思想通史》，黑龙江教育出版社 1992 年版。

［25］吕绍纲：《周易阐微》，吉林大学出版社 1990 年版。

［26］郑万耕：《易学源流》，沈阳出版社 1997 年版。

［27］杜石然：《中国科学技术史稿》，科学出版社 1982 年版。

［28］雷蒙德·威廉斯：《文化与社会》，北京大学出版社 1991 年版。

［29］爱德华·希尔斯：《论传统》，上海人民出版社 2014 年版。

［30］皮亚杰：《发生认识论原理》，商务印书馆 1981 年版。

［31］冯·贝塔朗菲、拉威奥莱特：《人的系统观》，华夏出版社 1989 年版。

［32］池田大作、汤因比：《展望二十一世纪——汤因比与池田大作对话录》，荀春生、朱继征、陈国梁译，国际文化出版公司

1997 年版。

［33］荆惠民：《改革开放以来思想政治工作大事记》，中国人民大学出版社 2010 年版。

［34］冯刚、沈壮海主编：《中华人民共和国学校德育编年史》，中国人民大学出版社 2010 年版。

［35］王磊主编：《周秦伦理文化概论》，陕西师范大学出版社 2016 年版。

［36］王磊：《周秦伦理文化资料汇编》，陕西师范大学出版社 2011 年版。